はじめて学ぶ
化学工学

草壁 克己／外輪 健一郎 共著

丸善出版

はじめに

　化学工学は、化学工業における生産に関連する学問であり、それは反応器や蒸留塔となって具現化する。現在では、化学工学が必要とされる領域は化学工業だけではなく、鉄鋼、金属、原子力、食品、医薬などの分野に拡大しており、環境、バイオ、ナノテクなどの分野における問題解決にも欠かせない。このように大きく拡がりをみせる化学工学であるが、学生はスムーズにこの学問に入り込むことが困難なようだ。例えば、機械工学を勉強すると自動車や飛行機の設計や開発ができるという風に結果のイメージが湧くが、化学工学の場合には、大部分の学生はイメージすべき反応器や蒸留塔を見たことがない。そのために意欲がそがれてはいないだろうか。

　現代は化学工学科を志望する学生だけが化学工学を学ぶ時代ではない。これからは化学、生物、機械、電気など異なる学科の学生や卒業生が化学工学を知ることが望まれる。また、実際に化学工場で働く人の中で化学工学をもう一度復習してみたいという要求がある。しかし、時間的な制約のために専門書を読み返すまでにはいたらないということもある。化学工学の専門書はあっても、これらの要求に応えられる参考書となるべき書籍はみあたらない。

　そこで本書は、高校で勉強した物理や化学の中で化学工学を理解する上で必要な項目について解説を加え、それをベースにして化学工学の内容へと続く構成にした。高校の物理と化学に自信があれば、それらの項目は読み飛ばして、化学工学の記述を重点的に読んでいただきたい。

　本書のもうひとつの特徴は、化学工学の知識が自然と身に着くように、生活に身近な題材を通して解説を行っている点である。よく読んでいただければ化学工学が、生活者にとっても省エネや環境問題を理解する上で役に立つ学問であることを理解していただけるのではないかと考えている。

　化学工学は数式がたくさんあって、その内容を理解するのが困難であるというケースも多く見られる。それに対して本書は多くの例題を設け、詳細に解説することで理解を深められるように工夫したつもりである。是非、

例題にも目を通していただきたい。

本書を読んでいただきたい方は,
（1）大学受験生
志望学科として化学工学科あるいは〇〇化学工学科を考えているが、よく学問の内容が理解できない受験生。
（2）大学の講義について行けない学生（とその学生を教えている先生）
化学工学がなじめない、数式が多くて大変に思っている学生。
（3）社会人
化学以外の理系学科を卒業して、業務に化学工学の知識が必要である。化学工学の専門家と話をして用語が通じない。化学工場で勤務しているが、化学工学をもう一度復習してみたい。文系を卒業したが、化学系の技術営業をしており基礎学習をしたいといった人達である。

本書の執筆にあたり、わかりやすい化学工学の教科書、参考書、入門書として仕上げたつもりであるが、内容など不備な点があれば是非ご教示いただきたい。

2006 年 2 月 6 日

草壁　克己・外輪　健一郎

本書は、2006 年 4 月に工業調査会より出版された同名書籍を再出版したものです。

はじめて学ぶ化学工学

目　　次

はじめに ……………………………………………………………… *1*

第1章　計算の基礎

単位のしくみ ………………………………………………………… *8*

バランス（収支）感覚をきたえる ………………………………… *14*

微分の手ほどき ……………………………………………………… *18*

勝利の微分方程式 …………………………………………………… *22*

積分のからくり ……………………………………………………… *24*

第2章　移動現象

電気の流れ …………………………………………………………… *30*

電力そして省エネ …………………………………………………… *34*

層流から乱流へ ……………………………………………………… *37*

流体の性質 …………………………………………………………… *40*

便利なレイノルズ数 ………………………………………………… *44*

プレッシャーを受ける ……………………………………………… *47*

流れと圧力 …………………………………………………………… *49*

熱の流れ ……………………………………………………………… *52*

地道に伝導伝熱 ……………………………………………………… *53*

地球の風と対流伝熱 ………………………………………………… *56*

太陽の放射伝熱 ……………………………………………… 60

熱変換で熱移動 ……………………………………………… 62

気体の状態方程式 …………………………………………… 65

全圧と分圧 …………………………………………………… 69

じめじめ湿度 ………………………………………………… 71

じわっと拡散 ………………………………………………… 74

分子の流れ …………………………………………………… 76

第3章　単位操作

固体・液体・気体 …………………………………………… 80

蒸気圧 ………………………………………………………… 82

蒸留による変化 ……………………………………………… 84

連続蒸留が支える社会 ……………………………………… 88

蒸留塔設計の基礎 …………………………………………… 91

気体の溶解 …………………………………………………… 98

ガス吸収 ……………………………………………………… 101

界面を横切る分子の移動 …………………………………… 103

吸収塔のデザイン …………………………………………… 107

人にやさしい膜分離 ………………………………………… 111

膜が真水に変える …………………………………………… 113

表面に吸着 …………………………………………………… 115

何から抽出 …………………………………………………… 119

晶析から結晶 ………………………………………………… 124

きれいにろ過 ………………………………………………… 128

乾燥を科学する ……………………………………………… 131

乾燥のスピード ……………………………………………… 133

調湿で快適に ………………………………………………… 138

粉と粒の不思議 ……………………………………………… 140

目　次　　**5**

粒子径の決め方 ……………………………………………… *143*
粒子径のばらつき …………………………………………… *147*
落ちていく速さ ……………………………………………… *150*
粒子の流動化 ………………………………………………… *153*
スッキリ集塵 ………………………………………………… *156*

第4章　エネルギーと化学反応

内部エネルギーとは ………………………………………… *160*
エネルギー変換 ……………………………………………… *162*
反応と反応速度 ……………………………………………… *165*
エンタルピーを理解する …………………………………… *170*
相変化のエンタルピー ……………………………………… *172*
反応熱 ………………………………………………………… *175*
生成熱 ………………………………………………………… *177*
ヘスの法則 …………………………………………………… *180*
燃焼と爆発 …………………………………………………… *184*

第5章　反応装置のデザイン

いろいろな化学反応 ………………………………………… *188*
反応率について ……………………………………………… *191*
液相反応の濃度変化 ………………………………………… *194*
気相反応の濃度変化 ………………………………………… *196*
反応を伴う物質収支 ………………………………………… *200*
理想的な流れ ………………………………………………… *202*
反応装置のパターン ………………………………………… *205*
回分反応器のデザイン ……………………………………… *206*

管型反応器のデザイン	………………………………………………… *209*
連続槽型反応器のデザイン	………………………………………… *214*

第1章

計算の基礎

　　ニュートンやパスカルは有名な科学者の名前ですが、世界の共通単位系（SI単位）では、彼らの偉大な功績にちなんで力や圧力の単位としてニュートン（記号はN）やパスカル（記号はPa）を用いることにしました。天気予報では台風の中心気圧が980ヘクトパスカル（記号はhPa）というふうに表しています。ヘクトはどういう意味があるのでしょうか。

　　工学を学ぶためには基本的なルールを身につけることが大切です。この章では長さや質量などの物理量を表現するための基準である『単位』や、自然界のあらゆる現象を支配している『収支（バランス）』について学びましょう。本書では特に『微分』や『積分』を用いた計算は必要ないのですが、この本で得た基礎知識を応用するために、微分や積分の意味するものを理解していただきたいと思います。

8 第1章 計算の基礎

単位のしくみ

　日常生活の中で使用する物理量としては、長さ、質量、時間、温度、力などがあり、長さを表すメートルや質量を表すキログラムは単位と呼ばれる。しかしながら、日本とアメリカでは日常生活でまったく違う単位を使っている。例えば、アメリカの天気予報図では最高気温は90度と示される。これは温度の単位として日本では摂氏 [℃] を、アメリカでは華氏 [℉] を使用しているからである。アメリカでは長さの単位としてはマイル [mi]、ヤード [yd]、フィート [ft]、インチ [in] を使用し、質量はポンド [lb]、オンス [oz] が日常的に使用されている。表1-1は日米の単位の相互関係を示したものである。

　1個200円のリンゴを3個買うとき、単位を含めた数式では200（円/個）×3（個）＝600円となるが、自然科学の世界では個数に単位をつけない。例外的に物質を構成する原子や分子については、これを 6×10^{23} 個集

表1-1　日常で使用する単位の日米比較

	日本	アメリカ
長さ	km	1 mi（マイル）＝ 1760 yd ＝ 1.6093 km
	m	1 yd（ヤード）＝ 3 ft ＝ 0.9144 m
	cm	1 ft（フィート）＝ 12 in ＝ 30.48 cm
	mm	1 in（インチ）＝ 25.4 mm
体積	l（リットル） ＝ 1000 cm³	1 barrel（バレル）＝ 159 l
	cc ＝ 1 cm³	1 gal（ガロン）＝ 3.785 l
		1 quart（クオート）＝ 0.946 l
		1 pint（パイント）＝ 0.473 l
質量	kg	1 lb（ポンド）＝ 16 oz ＝ 0.4536 kg
	g	1 oz（オンス）＝ 28.35 g
温度	℃	1 ℉ ＝ 1.8 × ℃ ＋ 32
速度	km/h	1 mph (mi/h) ＝ 0.4470 m/s ＝ 1.609 km/h

めてきたときに、これを物質量としてモル［mol］の単位をつける。炭素の原子を $6×10^{23}$ 個集めると、その質量は 12 g になる。このように各原子の 1 mol の質量をグラム単位で表した数値を、その原子の**原子量**という。分子 1 mol の質量は分子量という。気体や液体中のある物質の濃度は［mol·m^{-3}］で表されるが、質量比として wt%（＝（物質の質量／物質を含む気体あるいは液体の質量）×100）や体積比として vol%（＝（物質の体積／物質を含む気体の体積）×100）などで表す場合もある。また、環境科学の分野では ppm（＝（物質の体積／物質を含む気体の体積）×10^6）などもよく使われる。

　通貨の単位は科学の世界ではふつうは取り扱わないが、日常生活では重要である。海外旅行に出かけるときには通貨の**換算**（ある単位で表した数量を別の単位の数量に数えなおすこと）をしなければならない。各国の通貨のレートは刻々と変化し、経済に及ぼす影響も大きい。

　換算が簡単にできればよいが、間違いが起って混乱することもある。そこで、科学の世界では基準となる単位系として**国際単位系**（SI 単位系）が用いられている。表 1-2 に主な SI 単位を示す。表に示される長さ、質量、温度、時間、物質量、電流、光度を**基本単位**と呼ぶ。速度は、ある一定時間に進む距離（長さ）なので、その単位は［m·s^{-1}］である。また力は質量［kg］と加速度［m·s^{-2}］の積なので、その単位は［kg·m·s^{-2}］であるが、力については固有の名称であるニュートン［N］という**誘導単位**を用いる。面積に作用する力である圧力の単位は［kg·m^{-1}·s^{-2}］あるいは［N·m^{-2}］と表すことができるが、これもパスカル［Pa］という単位を使

10　第1章　計算の基礎

表1-2　SI 単位

(1) 基本、補助単位		
量	記号	名称
長さ	m	メートル
質量	kg	キログラム
時間	s	秒
電流	A	アンペア
温度	K	ケルビン
物質量	mol	モル
光度	cd	カンデラ
平面角	rad	ラジアン

(2) 誘導単位		
量	記号	名称
力	N	ニュートン $[kg \cdot m \cdot s^{-2}]$
圧力	Pa	パスカル $[N \cdot m^{-2}]$
エネルギー	J	ジュール $[N \cdot m]$
仕事率	W	ワット $[J \cdot s^{-1}]$
電気量	C	クーロン $[A \cdot s]$
電圧	V	ボルト $[W \cdot A^{-1}]$
抵抗	Ω	オーム $[V \cdot A^{-1}]$
周波数	Hz	ヘルツ $[s^{-1}]$

(3) 接頭語								
倍数	10	10^2	10^3	10^6	10^9	10^{12}	10^{15}	10^{18}
記号	da	h	k	M	G	T	P	E
名称	デカ	ヘクト	キロ	メガ	ギガ	テラ	ペタ	エクサ
倍数	10^{-1}	10^{-2}	10^{-3}	10^{-6}	10^{-9}	10^{-12}	10^{-15}	10^{-18}
記号	d	c	m	μ	n	p	f	a
名称	デシ	センチ	ミリ	マイクロ	ナノ	ピコ	フェムト	アト

（注）この本では独立した単位表記は ［　］で示す。

う。また、SI 単位系では温度は K（ケルビン、K ＝ ℃ ＋ 273）で表す。
1 m の 1000 倍は 1 km、1/1000 は 1 mm である。日常生活で使用する単位
はこれで十分であるが、科学の世界ではもっと大きな（または小さな）数
量を扱う必要がある。そこで、表1-2（3）に示すように、SI 単位では 10^3
を区切りとした接頭語を使うことが定められている。例えば、気球や飛行
船に使われるヘリウムの大きさは 0.00000000028 m なので、接頭語を用
いると 0.28 nm あるいは 280 pm となる。質量の基本単位であるキログラ
ムは接頭語キロを含んでいるので、10^3kg は 1 kkg ではなく、1 Mg とする。

例題 1-1 あなたの身長を ft（フィート）と in（インチ）に換算しなさい。

身長が 178 cm とすると、これをフィート（ft）で表すために 1 ft＝30.48 cm なので

$$178 \text{ cm} \div 30.48 \text{ cm/ft} = 5.8398\ldots$$

アメリカでは一般的には身長 5.84 フィートとはいわないで、5 ft とその残りをインチ（inch）で表すために、残りを計算すると

$$178 - (30.48 \times 5) = 25.6 \text{ cm}$$

これをインチで表す。1 inch＝2.54 cm

$$25.6 \div 2.54 = 10.078\ldots$$

身長を表すのにインチ以下の単位は日常では使わないので四捨五入して、5 フィート 10 インチとなる。

（注：12 進法なので 12 インチで 1 フィートになる）。

日本でもテレビ画面や自転車のタイヤの大きさなどはインチで表示している。

　気温 96°F は摂氏では何℃になるか換算しなさい。

表 1-1 の換算表から 1°F = 1.8×℃ + 32 の関係から

℃ = (96 − 32) ÷ 1.8
　 = 35.6...

35.6℃ である。

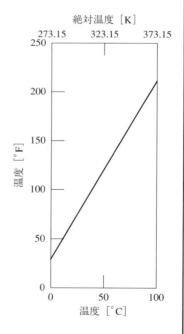

　摂氏では水の氷点が 0℃、沸点が 100℃ なので理解しやすいが、華氏は人間の体温を 96°F、氷に塩を加えると温度が下がるが、もっとも下がった温度を 0°F としたことに由来している。

　氷点下の世界をのぞいてみると、二酸化炭素を固体にしたドライアイスは −78.5℃ で昇華して気化する。液体窒素は、液体窒素温度である −195.8℃ (77.35 K) まで冷却することができるので、科学実験や爆発物処理などの冷却に使われる。ヘリウムは元素の中でもっとも沸点 (−268.93℃、4.22 K) が低く、人体の断面が観察できる医療用の MRI 装置では、内部の超伝導磁石を冷却するために液体ヘリウムが使われている。

単位のしくみ

 体積 10 mlのエタノールを水で希釈して総体積 1 l のエタノール水溶液を作製した。このエタノール水溶液の濃度を mol·m^{-3} で表せ。ただし、エタノールの密度は 0.79 g·cm^{-3} とする。

この問題はいろいろな単位が使われているので、はじめに SI 単位に換算する。

ml は l の 1/1000 であり、1 l は m^3 の 1/1000 なので

$$10 \text{ m}l = 10/1000 \text{ } l = 10/1000/1000 \text{ m}^3 = 10^{-5} \text{m}^3$$

密度の g/cm^3 は 1 g = 0.001 kg、1 cm^3 = (0.01)^{3}m^3 = 10^{-6}m^3 である。したがって g/cm^3 = 0.001 kg/10^{-6}m^3 = 10^{3}kg/m^3 なので、密度は 0.79 g/cm^3 = 790 kg/m^3 である。

10 ml のエタノールは体積に密度を掛けて

$$10^{-5}\text{m}^3 \times 790 \text{ kg/m}^3 = 7.9 \times 10^{-3}\text{kg}$$

エタノールの分子量(分子量は 1 mol 当たりの質量[g])は 46 なので、エタノールの物質量は、

$$7.9 \times 10^{-3}\text{kg} \div 0.046 \text{ kg/mol} = 0.171739 \text{ mol}$$

この物質量のエタノールを 1 L = 10^{-3}m^3 で希釈したので、その濃度は、

$$0.171739 \text{ mol} \div 10^{-3}\text{m}^3 = 172 \text{ mol·m}^{-3}$$

である。

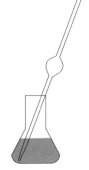

バランス（収支）感覚をきたえる

マジックの世界では手のひらにコインを入れて手を閉じ、もう一度開いたときにコインが消えている。科学の世界では入れたものは必ず出てくるのが原則であり、そうでないとバランス（収支）が合わない。収支という言葉はお金の世界でよく使われる。例えば、Aさんは毎月親から仕送りを5万円もらい、1カ月間でこの5万円を使い切る生活をしている。このときの収支は、

$$\text{入金（5万円）} = \text{出金（5万円）} \tag{1-1}$$

となる。月末になるとAさんの手元にはお金が残らない。Aさんは何カ月も同じことを繰り返している。このことを**定常**と呼ぶ。科学ではある現象が時間とともに変化しない状態を**定常状態**と呼ぶ。

Aさんは毎月親から仕送りを5万円もらい、1カ月でそのうち4万円を使い残りの1万円は貯金をしている。1カ月間に限って考えると収支は、

$$\text{入金（5万円）} = \text{出金（4万円）} + \text{貯金（1万円）} \tag{1-2}$$

となる。月あたりの入金、出金および貯金ということで考えると

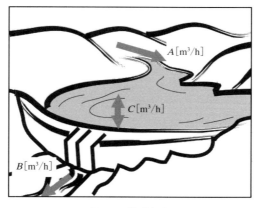

図1-1　物質収支

$$入金速度（5万円/月）= 出金速度（4万円/月）$$
$$+ 貯蓄速度（1万円/月） \quad (1\text{-}3)$$

となる。

　次に、図1-1に示すようなダムの水量について収支を考えてみよう。上流から一定の流量 $A\,[\mathrm{m^3/h}]$ でダムへ水が流れ、ダムから下流へ一定の流量 $B\,[\mathrm{m^3/h}]$ で放流されている。$A>B$ の条件では、ダムの水位が上がる。ここでダム内の水の体積増加速度を $C\,[\mathrm{m^3/h}]$ とすると、その収支は、

$$流入の流量 A = 流出の流量 B + 蓄積速度 C \quad (1\text{-}4)$$

となる。このように入る量と出る量、それに蓄積量を明らかに示すことを**バランス（収支）**を取るという。(1-4)式は水という物質についての収支をとっているので**物質収支**と呼ぶ。

　収支は物質の量以外でも考えることができる。自然科学ではエネルギーの収支も重要である。家庭用燃料電池発電システムのエネルギー収支について考える。燃料を都市ガスとすると、はじめに都市ガスを原料として触媒反応により水素を合成する。この水素と空気を固体高分子形燃料電池に導入して、電気を得る。システムに流入するエネルギーは都市ガスを完全に燃焼したときに発生するエネルギーである。蓄積するエネルギーはなく、燃料電池によって都市ガスの持つエネルギーの約35%が電気エネルギーに変換されるとすると、エネルギー収支から、残りの65%は熱エネルギーとなる。そこで、燃料電池の排熱を回収して温水や床暖房などに利用すれば、45%の熱エネルギーを有効に利用することができる。

燃料電池のエネルギー収支

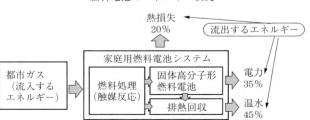

 混合装置の中に 10 wt%のエタノール水溶液と 30 wt%のエタノール水溶液がそれぞれ 100 kg/hr および 50 kg/h の流量で流入している。混合装置では流入した流体がすべて流れ出ているとすると、混合装置を出るエタノール水溶液の濃度はいくらか。

流入しているエタノールの流量は、$0.1 \times 100 + 0.3 \times 50 = 25$ kg/h である。流入する液の流量は全体で 150 kg/h であるから、出口のアルコール濃度は、$25/150 \times 100 = 17$ で 17 wt%となる。

10 wt%のエタノール水溶液と 30 wt%エタノール水溶液を混合して 100 g の 12 wt%のエタノール水溶液にするにはどうすればよいかという問題では、10 wt%のエタノール水溶液を x [g]、30 wt%エタノール水溶液を y [g] とすると、物質収支より、

$$x + y = 100$$

$$0.1\,x + 0.3\,y = (0.12)(100)$$

の連立方程式を解いて、$x = 90$、$y = 10$ より、10 wt%のエタノール水溶液 90 g の中に 30 wt%エタノール水溶液を 10 g 加えることになる。

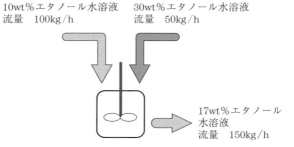

バランス（収支）感覚をきたえる　**17**

 エタノールを選択的に透過する高分子分離膜を用いて、エタノール水溶液を濃縮した。膜の外側に30 wt%エタノール水溶液を流して、膜を透過した成分は90 wt%エタノール水溶液となり、そのまま排出された成分は5 wt%エタノール水溶液となった。膜への供給速度を10 kg/h とした場合、90 wt%エタノール水溶液の回収速度は何 kg/h となるか。

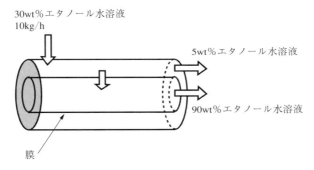

　供給速度を F [kg/h]、回収速度を P [kg/h]、5 wt%エタノールとして排出される速度を R [kg/h] とすると、全体の物質収支は $F = P + R$ で $F = 10$ なので、$R = 10 - P$ となる。

　水溶液に含まれるエタノールの収支は $0.3F = 0.9P + 0.05R$ なので、$F = 10$ および $R = 10 - P$ を代入すると、

$$(0.3)(10) = 0.9P + 0.05(10-P)$$

より、

$$P = 2.9411$$

回収速度は 2.94 kg/h である。

微分の手ほどき

　自然科学の世界では、温度や濃度、液量などが変化する様子を理解することがきわめて重要である。ここでは、液量が変化する速度について、前出のダムを例に取って考えてみる。

　ダムの中の水量についてもう少し詳しく調べてみると、ある月におけるダム内の水の量と時間との関係は図1-2のようになった。図中のある時刻 t から時刻 $(t+\Delta t)$ の間に、水量が $V(t)$ から $V(t+\Delta t)$ に増加したとすると、この間の水の体積増加速度 W [m³/h] は次式で表すことができる。

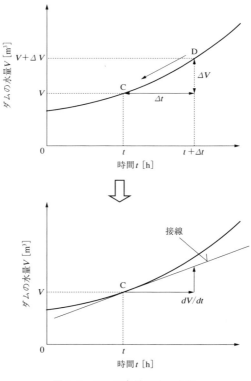

図1-2　ダムの水量の時間変化

$$W = \frac{V(t + \Delta t) - V(t)}{(t + \Delta t) - t} = \frac{V(t + \Delta t) - V(t)}{\Delta t} \tag{1-5}$$

すなわち、W は図中 C 点と D 点の間の傾きを表している。傾きが大きいと、直線は垂直に近くなり変化速度は大きい。一方傾きが小さいとむしろ直線は水平となり、変化速度は小さい。もちろん、変化がまったくない場合には、直線は完全に水平となる。

この Δt という時間をさらに短くした場合を考える。D 点が C 点に接近していき、D 点が C 点に限りなく近づくと、その傾きは C 点における接線の傾きに等しくなる。ところで、Δt が小さくなると、V の変化 $V(t + \Delta t) - V(t)$ も小さくなるので、これを ΔV で表すことにする。$\Delta t \rightarrow 0$ としたことを示す微分記号は dV/dt で表され、(1-5) 式は、

$$\frac{dV}{dt} = \lim_{\Delta t \to 0} \frac{(V(t + \Delta t) - V(t))}{(t + \Delta t) - t} = \lim_{\Delta t \to 0} \frac{\Delta V}{\Delta t} \tag{1-6}$$

となる。これが微分の定義である。水量 $V(t)$ を表す t の関数が分かっていれば dV/dt を表す数式を計算で出すことができる。例えば水量が時間に比例する場合、すなわち $V = at$（a は定数）では (1-6) 式は、

$$\frac{dV}{dt} = \lim_{\Delta t \to 0} \frac{a(t + \Delta t) - at}{t + \Delta t - t} = \frac{a\Delta t}{\Delta t} = a \tag{1-7}$$

となる。すなわち、at という関数を微分すると a となる。比例以外の関数についてもその微分を計算で出すことができる。微分の公式を表1-3に示す。

表1-3　代表的な微分形

関数	微分形
$y = a$（a は定数）	$dy/dx = 0$
$y = ax$	$dy/dx = a$
$y = ax^2$	$dy/dx = 2ax$
$y = ax^3$	$dy/dx = 3ax^2$
$y = ax^n$	$dy/dx = nax^{n-1}$
$y = a\log_e x$	$dy/dx = a/x$
$y = ae^x$	$dy/dx = ae^x$

 関数 $y = x^3 + x$ を微分せよ。

微分は項ごとに行うことができる。すなわち、
$dy/dx = 3x^2 + 1$

 関数 $y = x^5$ について、$x = 1$ のときの傾きを求めよ。

　関数を微分すると、その傾きを表す関数を求めることができる。したがって、$x = 1$ での傾きを求めるには、微分して求めた関数の x に 1 を代入するとよい。
　すなわち、$dy/dx = 5x^4$ なので、$x = 1$ での傾きは 5 となる。

関数 **$y = x^4 - 3x$** について、曲線上の点（2、10）における接線の方程式を求めよ。また、極小値を求めよ。

$y = x^4 - 3x$ の微分をすると、$dy/dx = 4x^3 - 3$ となる。$x = 2$ における接線の傾きは、

$$dy/dx = 4(2)^3 - 3 = 29$$

となり、点（2、10）は直線 $y = 29 + a$ 上の点なので $a = 10 - (29)(2) = -48$ から接線の方程式は $y = 29x - 48$

$dy/dx = 0$ で接線は横軸と平行になり、関数は極大値あるいは極小値となる。$4x^3 - 3 = 0$ より $x = 0.909$ でこれを $y = x^4 - 3x$ に代入すると $y = -2.04$ となる。ここで、$x < 0.909$ では $dy/dx < 0$ で $x > 0.909$ では $dy/dx > 0$ となるので、極小値は（0.909、-2.044）である。

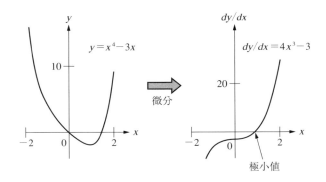

22 第1章 計算の基礎

勝利の微分方程式

「バランスをとる」の項でダムの水量変化を

$$流入の流量 A = 流出の流量 B + 蓄積速度 C \qquad (1\text{-}8)$$

で表した。「微分」で示したように、蓄積速度 C は dV/dt で表すことができるので、物質収支は、

$$流入の流量 A = 流出の流量 B + dV/dt \qquad (1\text{-}9)$$

となる。(1-9) 式のように、微分の項を含む方程式は微分方程式と呼ばれる。

微分方程式の (1-9) 式を解くということを図1-3で説明すると、それは C 点から $(t_2 - t_1)$ 時間を経過したとき、その間に流入した水の総量、また流出した総量を考慮して、D 点におけるダムの水量 V_2 を明らかにすることである。まず、C 点 (時刻 t_1) からほんの少し Δt だけ時間が経過したとき (時刻 $t_1 + \Delta t$) の水量の変化を ΔV_1 とすると、(1-8) 式からその収支は、

$$A(t_1) = B(t_1) + \Delta V_1 / \Delta t \qquad (1\text{-}10)$$

で近似的に表すことができる。これを変形すると、

$$\Delta V_1 = (A(t_1) - B(t_1)) \Delta t \qquad (1\text{-}11)$$

となる。同様に、時刻 $t_1 + \Delta t$ から $t_1 + 2\Delta t$ の間の水量変化 ΔV_2 は、

$$\Delta V_2 = (A(t_1 + \Delta t) - B(t_1 + \Delta t)) \Delta t \qquad (1\text{-}12)$$

同じように、

$$\Delta V_3 = (A(t_1 + 2\Delta t) - B(t_1 + 2\Delta t)) \Delta t \qquad (1\text{-}13)$$

$$\Delta V_4 = (A(t_1 + 3\Delta t) - B(t_1 + 3\Delta t)) \Delta t \qquad (1\text{-}14)$$

………

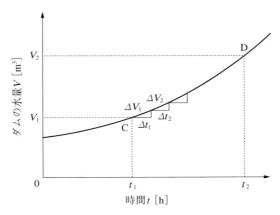

図1-3 ダムの水量の時間変化

となる。これをずっと進めて、ΔV_n で時刻が t_2 に達したとする。このとき、CからDまでの水量の変化は、ΔV_1 から ΔV_n までを合計したものに等しい。

ここで、数学の記号 $\sum$ を用いる。これはすべて足し合わせるという記号である。すなわち、$\sum \Delta V = \Delta V_1 + \Delta V_2 + \cdots + \Delta V_n$ である。これを利用して、式を変形すると、

$$\sum (A - B) \Delta t = \sum \Delta V \tag{1-15}$$

となる。

ここまでは、(1-10) 式から出発して説明を進めてきたが、この式は近似的にしか正しくない式である。しかし、Δt を小さくすると近似の精度が増していき、$\Delta t \to 0$ とすると誤差が無視できるほど小さくなる。(1-15) 式で、$\Delta t \to 0$、$\Delta V \to 0$ とすると、乱暴なやりかたではあるが ΔV と Δt は dV と dt に、$\sum$ は積分記号 $\int$ に変換されて、

$$\int (A - B) dt = \int dV \tag{1-16}$$

となる。この積分を t_1 から t_2 の時間まで解くことで、D点の水量を決定することができる。

積分のからくり

　微分は、関数からその変化速度を求めることであった。逆に変化速度が分かっている時に、もとの関数の形を求めることができればいろいろと便利である。このように、ある関数に対して微分と逆の計算をすることを積分という。

　少々複雑に見えますが、一般に関数 $f(x)$ の積分は、

$$\int f(x)\,dx \tag{1-17}$$

のように関数 $f(x)$（例えば $f(x)=ax+b$ など）と dx で表される。(1-16) 式の左辺は、A、B が時間に依存しない場合には $(A-B)\int dt$ となり、$\int dt$ の積分は $f(t)=1$ となる。積分は t_1 から t_2 まで $f(t)dt$ の積を数え上げる操作である。図 1-4 で示せば、斜線の面積を求めることになる。

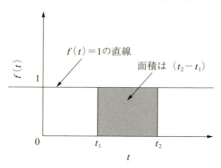

図1-4　$f(t)=1$ の積分

したがって、t_1 から t_2 までの面積は (t_2-t_1) となるので、

$$\int_{t_1}^{t_2} dt = (t_2-t_1) \tag{1-18}$$

となる。図 1-5 のように $f(t)=t$ では $(t_2+t_1)(t_2-t_1)/2=(t_2^2-t_1^2)/2$ となる。したがって、

$$\int_{t_1}^{t_2} t\,dt = \frac{(t_2^2-t_1^2)}{2} \tag{1-19}$$

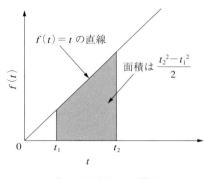

図 1-5 $f(t)=t$ の積分

表 1-4 代表的な積分形

関数	積分形
$y=a$ (a は定数)	$\int ydx = ax+c$
$y=ax$	$\int ydx = ax^2/2+c$
$y=ax^2$	$\int ydx = ax^3/3+c$
$y=ax^n (n \neq -1)$	$\int ydx = ax^{n+1}/(n+1)+c$
$y=a/x$	$\int ydx = a\log_e|x|+c$

となる。積分の公式を表 1-4 に示す。

ダムの水量変化を示す (1-16) 式で、流入および流出する流量は時間に無関係とすると、(1-16) 式の左辺の積分は $(A-B)\int_{t_1}^{t_2}dt = (A-B)(t_2-t_1)$、右辺の積分は $\int_{V_1}^{V_2}dV = (V_2-V_1)$ となり、D 点の水量は $V_2 = V_1 + (A-B)(t_2-t_1)$ で表される。例えば、流入する流量 A が時間に比例する場合 $A = at$ (a は比例定数) には (1-16) 式より、

$$a\int_{t_1}^{t_2}tdt - B\int_{t_1}^{t_2}dt = \int_{V_1}^{V_2}dV \tag{1-20}$$

となり、これを解くと水量は $V_2 = V_1 + (a/2)(t_2^2 - t_1^2) - B(t_2-t_1)$ となる。このように、流入と流出する流量と時間との関係を数式で表すことができれば、ある時間経過した後におけるダムの水量を予測することができる。

例題 1-9 曲線 $y=x^2-3$ について $x=2$ から $x=5$ の範囲で積分せよ。

解説

曲線 $y=x^2-3$ の積分は $\int y\,dx = x^3/3 - 3x + c$ となり、これを $x=2$ から $x=5$ の範囲で積分すると、

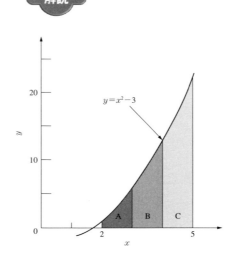

$$\int_2^5 (x^2-3)\,dx = \left[\frac{x^3}{3} - 3x\right]_2^5 = (125/3 - 15) - (8/3 - 6) = 30$$

となる。

解析的に積分ができない場合には数値積分を行う。上図のように曲線 $y=x^2-3$ を A、B、C の3つの台形に分割して、それぞれの面積の和を求めると、

面積 $= (1+6)(3-2)/2 + (6+13)(4-3)/2 + (22+13)(5-4)/2$
$= 30.5$

積分値より大きいが、分割の数を増やせば積分した値に近い値となる。

 微分方程式 **$dy/dx = 2x$** を解け。

dy/dx を形式的に $dy \div dx$ と考えて dx を右辺へ

$$dy = (2x)dx$$

両辺に積分記号をつける。

$$\int dy = \int (2x)dx$$

この形までくれば積分の問題で表1-4より、$\int dy = y$、$\int 2x\,dx = x^2$
より

$$y = x^2$$

であるが、右辺は x^2 でも $x^2 + C$（C は定数）でも、もう一度微分すると $(2x)$ となるので、一般解としては C をつける。

$$y = x^2 + C$$

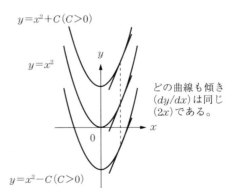

どの曲線も傾き (dy/dx) は同じ $(2x)$ である。

第2章

移動現象

　「今日は日差しが強いけど湿気がないので、木陰に入れば、風がそよいで涼しい」日常生活でしばしば耳にするフレーズですが、このように私たちは空気や熱の流れを感じながら生活をしています。

　『流れ』の学問が発達したおかげで、自動車や飛行機の姿はとてもスマートなものになりました。化学という学問では物質間の化学反応を扱います。例えば、フラスコの中で反応するときには、液の状態を均一にするために撹拌しながら加熱します。反応を扱うときには物質の流れと同様に熱の流れを知ることも大切ですし、物質を構成する分子の流れが問題になることがあります。これらの流れを正しく理解すれば、これまで以上に身の回りで起こる多くの現象の真実がみえてきます。

電気の流れ

　現代生活では電気は欠くことができないものであり、停電になってしまうと掃除、洗濯はもちろんできないし、調理さえできない家庭が増えている。流れを理解する第一歩としてここでは電気の流れについて考える。電気は化学工学とは関係ないと思うかもしれないが、燃料電池のように、電気を利用した化学反応を考える時には当然大事であるし、後に述べる拡散や伝熱ときわめてよく似た性質をもっている。

　電気量（電荷）はクーロンという単位で表され、記号 C で表す。金属の中を電気が流れているとき、電気の流れの正体は電子の流れである。電子 1 個が運ぶ電気量は**電気素量**といい、1.60218×10^{-19}C である。電流は電気が単位時間当たりに流れている量として定義されており、1 秒間あたりに 1 C の電気が流れているとき、電流は 1 A（アンペア）であるという。

　電気に関する言葉として、電流の他に、電圧、抵抗がよく知られている。電圧とは、電気を流そうとする力である。乾電池 1 つは 1.5 V の電圧がある。自動車用のバッテリーは 12 V であり、電気を流そうとする力が乾電池の 8 倍である。電圧と電流の関係については**オームの法則**がよく知られている。

$$電圧\ V\,[\mathrm{V}] = 電流\ I\,[\mathrm{A}] \times 抵抗\ R\,[\Omega] \qquad (2\text{-}1)$$

　金属は一般に電気をよく通すが、そのなかでもアルミや銅は非常に電気を通しやすい。それに比べて、白金（プラチナ）や鉄は比較的通しにくい。この電気の通しにくさを抵抗という。（2-1）式から分かるように、同じだけの電流を流そうとしたとき、抵抗が大きいほど、大きな電圧が必要となる。

　さて、長さが L で断面積が S の棒状電線（銅線）の両端に電圧 V をかけたときに流れる電流 I を考えてみる。すると、次のことが分かる。

　（1）電流 I は電圧 V に比例する（オームの法則より）

　（2）電流 I は長さ L に反比例する（電線が長いほど抵抗が大きく、電

流が流れにくい)
(3) 電流 I は断面積 S に比例する（電線が太いほど電流が流れやすい）
したがって、

$$I \propto SV/L \quad (注：\propto は比例を示す記号) \tag{2-2}$$

V/L は電圧の傾きであり、電線の短い区間 Δx で考えると $L/V = \Delta V/\Delta x$ となる。したがって、

$$I \propto S\, \Delta V/\Delta x \tag{2-3}$$

断面積あたりの電流の強さ (I/S) は**電流密度** i [A·m^{-2}] と呼ばれる。$\Delta x \to 0$ とすると、

$$i \propto dV/dx \tag{2-4}$$

この比例関係における比例定数 σ を**電気伝導度**（単位は [Ω^{-1}·m^{-1}]）と呼ぶ。電気伝導度は物質固有の値（**物性**）である。

$$i = \sigma\,(dV/dx) \tag{2-5}$$

金属は電気をよく通す材料（導電性材料）である。金属は自由電子を持ち、金属に電界（電圧の傾き）を加えると自由電子は電界の方向へ流れる。逆に電流を通しにくい材料は絶縁体と呼ばれる。

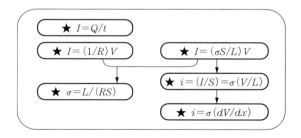

長さ2mm、直径1mmの電線の断面を20Cの電荷が40秒で通過した。この電線を流れる電流、電流密度はいくらになるか。また、この電線の断面を1秒間に何個の電子が通過したことになるか。

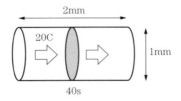

電流と電荷との関係は1A＝1C/sなので、流れる電流は、

$$I = 20/40 = 0.5 \text{ A}$$ である。

電流密度 i を求めるために断面積を求めると

$$断面積 = (0.0005)^2(3.14) = 7.85 \times 10^{-7} \text{m}^2$$

であり、電流密度は、

$$i = (0.5)/(7.85 \times 10^{-7} \text{m}^2) = 6.369 \times 10^5 \text{A} \cdot \text{m}^{-2}$$

電流密度は断面積1m²の電線の断面を1秒間に通過する電荷なので、その単位は[C·m⁻²·s⁻¹]と書きかえることができる。また、電子1個が運ぶ電荷は1.6028×10^{-19}Cなので、1Cは6.239×10^{18}個の電子に相当する。この電線を流れる電流は0.5A＝0.5C/sなので

1秒間に通過する電子数は$0.5 \times (6.239 \times 10^{18}) = 3.12 \times 10^{18}$
である。

例題 2-2 1 Aの電流を10分間通電して水の電気分解をした。水素は何モル発生したか。

解説

水の電気分解では2個の電子で水素分子1個が生成する。

$$2H^+ + 2e^- \rightarrow H_2$$

1個の電子の持つ電気量は1.60218×10^{-19}Cなので、これを6.022×10^{23}個集めると、1 molの電子が持つ電気量は約96,500 Cとなり、96,500 C・mol^{-1}をファラデー定数という。この問題では1 Aの電流を10分間（600秒）通電したので電気量は$1(A) \times 600(s) = 600$Cであり、1 molの水素を発生するには2個の電子が必要なので、発生する水素量は、

$$600/2/96,500 = 3.1 \times 10^{-3} \text{mol}$$

となる。

水素を燃料とした電気自動車が話題になっているが、自然界に存在する水素の量は極微量である。水素は水の電気分解や石油を分解して作られるが、水素を作るためのエネルギー源はその多くが石油や石炭である。将来的には太陽エネルギーを効率よく電気に変換して水素を製造する技術をつくらなければならない。

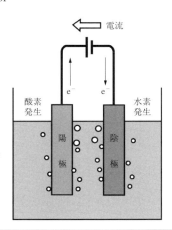

電力そして省エネ

家電製品を使用すれば当然電気代を払わなければならない。電気料金は何に対して支払うのでしょうか？電気代の請求書には契約電流 30 A などと書かれているが、この値は家庭で使用できる最大の電流である。この契約電気量によって電気料金は異なり契約電流が大きいほど高いお金を支払うことになる。次に請求書の中にかかれている使用量は [kWh] の単位で書かれている。k は 1000 倍を表す SI 単位系の接頭語です。W（ワット）は**電力**を示し、その中身はエネルギーが移動する速度です。h は時間を示す。

ここで、エネルギーとは何かについて考えて見る。ある物質を動かそうとして力 F [N]（力の単位：ニュートン）を加えて実際に物質を L [m] 移動させたとき、費やされたエネルギーは FL [J]（エネルギーの単位：ジュール、J＝N·m）と定義されている。同様に電気を流そうとして V [V] の電圧をかけて Q [C] の電気量が移動した時に費やされた電気エネルギーは VQ [J] となる。電気が移動する量は 1 s（秒）当たりの電気量である電流で表す。電流が I [A] のとき、1 s 当たりに I [C] の電気が流れているから、Q の代わりに I をかけると 1 s 間当たりに費やされている電気エネルギー（単位は [J·s^{-1}]）が求まる。これを電力とよび、[W] で表す。電力は時間当たりに消費されているエネルギーだから、これに時間をかけた kWh は、消費された電気エネルギーの量を示していることになる。

電力は、電流、電圧および抵抗の中で 2 つの値を用いて表すことができる。

$$電力 [W] = IV \quad （電流電圧表記） \tag{2-6}$$

$= I^2R$ （電流抵抗表記） (2-7)

$= V^2/R$ （電圧抵抗表記） (2-8)

　日本の家庭で使う電気は電圧 $V = 100$ V（一定）なので、電流を大量に消費する製品（エアコン、こたつ、オーブン）では使用電力量が大きくなる。また、テレビ、ビデオなどは本体のスィッチを消しても電流が流れており、待機時消費電力を消費している。家庭で消費する電力の約 10% は待機時消費電力によるものである。省エネルギーのためにはこまめにコンセントからプラグを抜くようにしよう。

直流 12 V–6 W および直流 24 V–6 W で使用する光源がある。この光源を流れる電流はそれぞれ何アンペアか。

解説

　電流＝電力／電圧より、12 V–6 W 規格では 6/12 = 0.5 A、24 V–6 W では 6/24 = 0.25 A の電流が流れる。

下図に示すように、例題 2–3 で使用した光源をそれぞれ 12 V 電源および 24 V 電源と抵抗 0.01 Ω の電線で接続して使用した。抵抗部分の電力損失はいくらになるか。

解説

光源の抵抗は 12 V–6 W 規格では 12 V/0.5 A = 24 Ω で、24 V–6 W 規格では 24 V/0.25 A = 96 Ω である。電圧が一定であるとき、抵抗が直列になるとして 12 V–6 W では全抵抗 (24 + 0.01) Ω の回路を 12/24.01 = 0.49979 A の電流が流れ、24 V–6 W では全抵抗 (96 + 0.01) Ω の回路を 24/96.01 = 0.24997 A の電流が流れる。

したがって、抵抗部分の電力損失は 12 V–6 W では $I^2R = (0.49979)^2 \times 0.01 = 0.002498$ W、24 V–6 W では $I^2R = (0.24997)^2 \times 0.01 = 0.000625$ W となるので、電圧を 2 倍にすると抵抗 0.01 Ω の電線による電力損失は約 1/4 となった。

実際にこのことが問題になるのは、発電所で作った電気を消費地まで送るため日本中に張り巡らされている送電線の電力損失である。この例題で明らかなように高電圧で送電するほど損失が小さくなるので、日本では最大で 100 万 V の送電が行われている。

日本では家庭に送られている電圧は 100 V であるが、海外では主に 120 V が使われている国と 220～240 V が使われている国があり、海外で日本の電化製品を使用する場合には海外用トランスが必要で、コンセントの形も違うのでプラグ変換アダプターが必要になる。送電ロスを考えると高い電圧 (220～240 V) のほうが省エネルギーとなる。

いろいろな形のコンセント

層流から乱流へ

気体や液体は流動性があり、総称して**流体**と呼ぶ。ロケット、飛行機、船舶、自動車を開発するためには流体の流れについての知識が必要となる。また、水道やガスなどのライフラインを維持するためには、水道管やガス管内の流れは重要であるし、室内の換気なども流体の流れの応用問題である。

生活者の実体験から流れを理解することができる。お正月に有名な神社に初詣に行ったとき、一方通行の参道をかなりの人がでている。参道の中央は楽に歩けるが、参道の両側には土産物屋や露天商が並んでいて、そこで立ち止まって商品を見ていたり、買ったりしている。立ち止まっている人がいるので、端に近いほど参拝者のスピードが遅くなる。これは流体がゆっくりと流れる場合の状態とよく似ている。

水道管の中を水がゆっくりと流れている場合には、図2-1に示すように管の断面における速度分布は放物線となる。数式で示すと、半径 R の管では、中央部の最大速度 U_{max} として、中心から距離 r のところの流体の速度 U は、

$$U = U_{max}\{1 - (r/R)^2\} \tag{2-9}$$

で表される。このような流れの状態のことを**層流**と呼ぶ。

もう一度、初詣の話に戻ってみると、参道がさらに混みあってくると、少しでも早く前に進もうと隙間をみつけては横をすり抜けたり、人を押しのけて進もうとする人の数が多くなる。こうなると参道の真中も端も進む速度はほとんど変わらなくなる。

このような流れの状態を**乱流**と呼ぶ。水道管の中では図2-2のような水

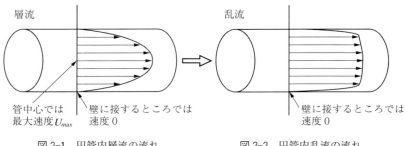

図2-1　円管内層流の流れ　　　　図2-2　円管内乱流の流れ

の速度分布となる。

　水道管内の流量が小さいときは層流状態が続き、常に図2-1のような放物線の速度分布の状態が続く、ある点を過ぎると流れの中に乱れが生じてついには図2-2に示す乱流の速度分布となる。流量以外にどのようなことが影響して層流から乱流への変化するのだろうか。

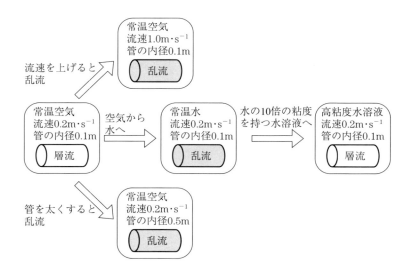

 円管内を流体が層流で流れているとき (2-9) 式を用いて、円管の平均流速 U_{av} と中央部の最大速度 U_{max} との関係を示せ。

右図に示すように半径 r の円と半径 $r+dr$ の円に囲まれた領域では、流速が U であるとする。この領域の面積は $2\pi r \times dr$ となり、この領域を流れる流量は $U \times 2\pi r dr$ となる。これを $r=0$ の場所から $r=R$ の場所まで足し合わせれば全体の流量が求められる。

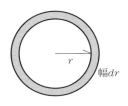
幅dr

したがって、全流量 V は以下の積分から求められる。

$$V = \int_0^R U 2\pi r dr$$

(2-9) 式の $U = U_{max}\{1-(r/R)^2\}$ を代入すると、

$$V = \int_0^R U_{max}(1-(r/R)^2) 2\pi r dr$$

$$= U_{max} 2\pi \int_0^R r dr - U_{max} 2\pi/R^2 \int_0^R r^3 dr$$

$$= U_{max} 2\pi \left[\frac{r^2}{2}\right]_0^R - U_{max} 2\pi/R^2 \left[\frac{r^4}{4}\right]_0^R$$

$$= U_{max} 2\pi \left(\frac{R^2}{2} - \frac{R^2}{4}\right) = \left(\frac{U_{max}}{2}\right)\pi R^2$$

となる。平均流速 $U_{av} = (V/\pi R^2)$ より、

$$U_{av} = (U_{max}/2)$$

となり、円管の中心における流速は、平均流速の2倍である。

流体の性質

　流体の流れを考えるときに重要な性質として**粘性**がある。感覚的な話をすると、水はさらさら流れるが、油はどろどろと流れる。だから油は粘っているという。水あめはもっと粘っている。流れが層流になったり、乱流になったりすることについても、この粘性が影響している。流れと粘性の関係について考えてみる。

　図2-3のように、2枚の板の間に水を挟み、下の板はそのままで、上の板に横向きに大きさ F の力をかけて引張った時に、板が速度 U で動いたとする。図2-3下側は横方向からみた水の速度分布を矢印で示している。

　板に加える力 F [N] は、板の面積 A が広いほど大きく、速度 U が大きいほど大きく、逆に板の間隔 h は狭いほど大きくなる。したがって、

$$F \propto AU/h \tag{2-10}$$

となる。板の動きを妨げようとする抵抗力は、先ほど説明した流体の粘性が影響する。F/A [Pa] はせん断応力 τ と呼ばれ、U/h を速度の傾きとし

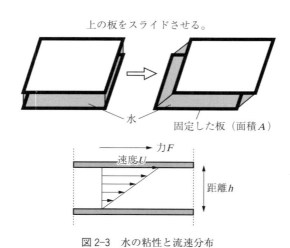

図2-3　水の粘性と流速分布

て考え、U/h を微分 dU/dx としてせん断応力を表すと、

$$\tau = -\mu (dU/dx) \qquad (2\text{--}11)$$

となる。(2-11) 式の比例定数を**粘度**あるいは**粘性係数** μ [Pa·s] と呼び、さらさらやどろどろを数値化したものである。抵抗力は流れと逆方向に働くので－の記号をつける。また、(2-11) 式で表される関係をニュートンの**法則**と呼ぶ。

図 2-4 に示すように高流速の部分と低流速の部分の界面でせん断応力（摩擦応力）が働いているとすると、高流速の部分は運動量（質量×速度 [kg·m·s^{-1}]）を失い、低流速の部分は運動量が増加する。すなわち、流体内部で摩擦力が働いているということは、境界の面を通して運動量が移動したことを示す。せん断応力 τ [Pa] は摩擦力 [N]/面積 [m^2] である。力は質量と加速度の積なので運動量で再整理すると、せん断応力 τ は単位時間に単位面積を移動する運動量を表している。

$$\text{せん断応力}\,\tau = \frac{\text{摩擦力}\,F\,(=m\alpha)}{\text{面積}\,A}$$

$$= \frac{\text{運動量}\,P\,(=mU)}{\text{面積}\,A \times \text{時間}\,t} \qquad (2\text{--}12)$$

流れが層流状態でも、乱流状態でも、管壁の近傍では図 2-1 および図 2-2 に示したように壁では速度が 0 であり、粘性が働くために速度分布が生じる。

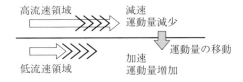

図 2-4　運動量の移動

図に示すように半径 R、長さ L の円管内部を液体が層流で流れている場合、中心から r の円柱面を考えると、円柱面にはせん断応力 τ が働く、上流側の圧力を P_1、下流側の圧力を P_2 とすると、上流側の圧力による力は、下流側の圧力による力と摩擦力との和に釣り合うために次式が成り立つ。

$$2\pi r L \tau = \pi r^2 (P_1 - P_2)$$

この式と（2-11）式を用いて圧力差 $(P_1 - P_2)$ と平均流速 U_{av} との関係を示せ。

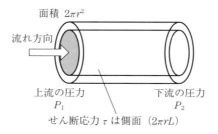

上式よりせん断応力 τ は、

$$\tau = (P_1 - P_2) r / (2L)$$

（2-11）式を円管に適用する場合、x を半径 r で表すと、

$$\tau = -\mu \, (dU/dr)$$

となる。
両式が等しいとすると、微分方程式となる。

整理すると、

$$-\mu dU = [(P_1-P_2)/(2L)]rdr$$

となり、$r=R$ では $U=0$ の条件で両辺を積分すると、

$$-\mu \int_U^0 dU = [(P_1-P_2)/(2L)]\int_r^R rdr$$

$$U = [(P_1-P_2)/(4\mu L)](R^2-r^2)$$

$$= [(P_1-P_2)R^2/(4\mu L)](1-(r/R)^2)$$

となり、この式は（2-9）式に示す層流における流速分布の式である。したがって、

$$U_{max} = [(P_1-P_2)R^2/(4\mu L)]$$

となる。例題 2-5 で $U_{av}=(U_{max}/2)$ の関係より、圧力差と平均流速との関係は、

$$P_1-P_2 = (8\mu L/R^2)U_{av}$$

となり、この式をハーゲン-ポアズイユの式と呼ぶ。

　水道管を流れる水の流量を測定するには、蛇口から容器に水を注いで、容器に水がたまるまでの時間をストップウォッチで計り、たまった水の量を体重計で量れば流速に換算できる。圧力損失はハーゲン-ポアズイユの式のように流速の関数として表すことができるので、管の2箇所の圧力差を測定すれば流速を決定することができる。一般的には中央に穴のあいた円盤オリフィスを管内に差し込んで、オリフィス板の上流と下流との間の圧力損失から流速を決めることができる。この流量計をオリフィス計と呼ぶ。

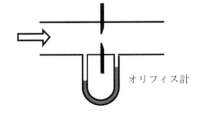
オリフィス計

便利なレイノルズ数

　自転車で平坦な道路を走っているときに、ペダルを踏まなくてもしばらくは同じように走りつづける。このような物体が運動状態を保持しようとする性質を慣性と呼ぶ。実際には、路面とタイヤとの間では、進行方向と逆向きに摩擦力が働くので次第に速度が落ちてくる。流体の流れにおいても慣性力が働き、逆方向には粘性力が働く。慣性力と粘性力の比として定義された**無次元数**（長さや速度や物性を組み合わせ、単位がない数）をレイノルズ数 Re と呼ぶ。

$$Re = DU\rho / \mu \tag{2-13}$$

　ここに D は長さ[m]を示し、水道管の流れでは管の内側の直径（内径）となる。U は流体の平均速度[m·s^{-1}]、ρ は流体の密度[kg·m^{-3}]、μ は流体の粘度[Pa·s]である。粘性力が強い場合には層流になり、慣性力が強い場合には乱流となる。表面が滑らかな円管では $Re<2300$ では層流であり、$Re>4000$ では乱流となり、$2300<Re<4000$ の範囲で層流から乱流の状態へと変化する。

　静止した空間内で落下する固体粒子の速度を予想する場合に、流れの指標としてレイノルズ数が使われる。この場合はレイノルズ数の長さには粒子の直径を用い、速度としては粒子の移動速度を用いる。この場合には $Re<2$ 以下で層流域、$Re>500$ で乱流域となり、それぞれの領域で粒子速度に及ぼす粒子径や流体の密度、粘度の影響が異なる。

　レイノルズ数以外にも流体関係では慣性力、粘性力、浮力、重力、界面張力とを組み合わせた無次元数がある。熱移動では対流伝熱と伝導伝熱の速度を組み合わせた無次元数があり、それぞれに名前がついている。名前を覚える必要はないが、その意味するものは重要である。

 内径 0.1 m の水道管内を 20℃ の水が毎時 1.2 m³ で流れている。この流れは層流か乱流か答えよ。ただし、20℃ の水の密度は 1000 kg·m⁻³、粘度は 1.0 mPa·s＝10⁻³ Pa·s＝10⁻³ kg·m⁻¹·s⁻¹ である。

レイノルズ数を計算するのに、$D = 0.1$ m、$\rho = 1000$ kg·m⁻³、$\mu = 10^{-3}$ Pa·s は与えられており、あとは流速を求めればよい。流量 V は 1.2 m³/h なので、時間の単位を秒に換算すると 1 時間は 3600 秒なので、

  流量 $V = 1.2/3600$ m³·s⁻¹

流量を断面積で割ると平均流速 U となるので、

  $U = (1.2/3600)/[(3.14)(0.05)^2] = 0.0425$ m·s⁻¹

レイノルズ数 Re は、

  $Re = (0.1)(0.0425)(10^3)/(10^{-3}) = 4250$

レイノルズ数が 4000 より大きいので乱流である。
　円管以外にも、二重管構造の管や矩形の管を流れる場合、Re を求めるための長さとして、次式で示す相当直径 D_e を使用する。

  $D_e = (4 \times$ 管の断面積$)/($管壁面と流体の接する長さ$)$

図に示す管状流路では $D_e = (4 \times ((\pi D_2^2/4) - (\pi D_1^2/4)))/(\pi D_2 + \pi D_1) = D_2 - D_1$ であり、矩形流路では $D_e = (4 \times ab/(2(a+b))) = 2ab/(a+b)$ である。

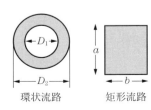

環状流路　　矩形流路

 例題2-7で、流量はそのままで水道管の径を4倍にすると流れはどうなるか。また、この状態で流量を増やしていくと、流量が毎時何m³以上で乱流になるか。

内径 $D = 0.4$ m のとき、平均流速 U は 0.00265 m·s^{-1} となるので、例題2-7と同様に Re を計算すると

$$Re = (0.4)(0.00265)(10^3)/(10^{-3}) = 1060$$

となり、層流である。

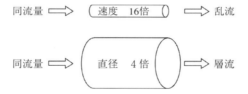

Re が4000以上で乱流なので、流速を x [m·s^{-1}] とすると、

$$Re = (0.4)(x)(10^3)/(10^{-3}) = 4000$$

より、$x = 0.01$ m·s^{-1}

断面積は $(0.2)^2(3.14) = 0.1256$ m² で、1時間が3600秒なので、流量は、

$$流量 = (0.01)(0.1256)(3600) = 4.52 \text{ m}^3/\text{h}$$

プレッシャーを受ける

　天気予報では「高気圧に覆われてよい天気が続く」というような解説を耳にする。高気圧の発生した地表部分ではその周囲に比べて相対的に圧力が高いので、空気は圧力の高い高気圧の部分から周囲へ流れる。そのとき、高気圧の部分では下降気流が起るので

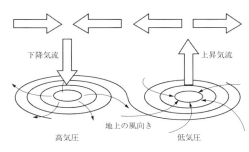

雲があっても消滅するので天気がよい。低気圧はその逆で上昇気流が発生して雲ができやすく、天気は悪くなる。このように普段は何も意識しないが、人は周囲の空気から圧力を受けて生活をしている。高い山へ登ると圧力が低下するので、場合によって高山病になることがある。圧力は、物体の表面 $1\,m^2$ 当たりに働く力［N］であり、その単位はパスカル［Pa］である。大気圧の標準値は 101.3 kPa で 1 気圧という。天気予報では 1013 hPa （ヘクトパスカル）を使用している。

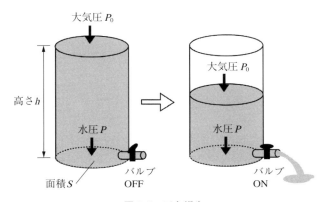

図 2-5　圧力損失

水に潜れば水圧を受ける。例えば、図 2-5 に示すような上部が開放された円筒（高さ h、断面積 S）に水が満たされているとき、この円筒の水が下面を押す力 F は水の質量 m と**重力の加速度** g の積なので、$F = mg = (\rho hS)g$ となる。また水は大気圧 P_0 で押されているので、下面が受ける圧力 P は、

$$P = P_0 + \rho gh \tag{2-14}$$

となる。また、図 2-5 に示すように円筒下部に設置したバルブを開けると、下面の圧力が $P_0 + \rho gh$ に対してバルブの外は大気圧 P_0 なので、圧力差により水は外へ流れ出る。

例題 2-9 水面下 100 m に沈んだ物体が受ける圧力はいくらか。

大気圧 $P_0 = 101.3$ kPa で、水の密度を 1000 kg·m^{-3} とすると、(2-14) 式より

$$P = 101,300 + (1000)(9.8)(100) = 1,081,300 \text{ Pa}$$

水圧は 1081.3 kPa（10.7 気圧）である。素潜りで水深 100 m に達した人がいる。人間の能力には驚かされる。

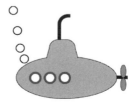

流れと圧力

水道の蛇口にホースをつけて水を高く上げようとしても限界がある。ここでは圧力と流速との関係を明らかにする。

流れが固体と接触すると、流体と固体間に摩擦力が働く。円管内に流体を流す場合には、この摩擦力が原因となり、出口よりも入口の圧力が高くなければならない。すなわち入口で高い圧力を持っていた流体は、

管の中を進むにつれて次第に圧力を下げていく。このとき管の入口と出口との間に生じる圧力差を**圧力損失**という。

層流の流れでは例題2-6で示したハーゲン-ポアズイユの式で圧力損失 $\Delta P\,(=P_1-P_2)$ と平均流速 U との関係を表すことができた。

$$\Delta P = (8\mu L/R^2)U \tag{2-15}$$

流れが乱流の場合でも使用できる式として、次に示すファニングの式がある。内径 D、長さ L の円管内を密度 ρ の流体が平均流速 U で流れているとすると、この場合の圧力損失 ΔP は次式となる。

$$\Delta P = 4f(L/D)(\rho U^2/2) \tag{2-16}$$

ここに f は**摩擦係数** [-] と呼ばれ、図2-6に示すように層流では、

$$f = 16/Re \tag{2-17}$$

であり、これを代入すると、

$$\begin{aligned}\Delta P &= (64\mu/DU\rho)(L/D)(\rho U^2/2) \\ &= (32\mu L/D^2)U\end{aligned} \tag{2-18}$$

となり、直径を半径にすれば (2-15) 式のハーゲン-ポアズイユの式とな

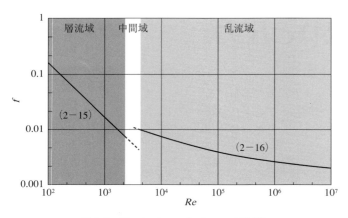

図2-6 Moodyチャート（f-Re の関係）

る。
　乱流の場合の f は条件によって求め方が異なる。例えば、表面が平滑な管では、

$$1/\sqrt{f} = 4.0 \log(Re\sqrt{f}) - 0.4 \tag{2-19}$$

などの式が知られている。このように摩擦係数は層流と乱流という流れの領域で相間式が異なり、レイノルズ数 Re がわかれば f を決定することができる。
　コンクリートの管のように内表面が粗くなると、乱流状態では平滑管に比べて摩擦係数は大きくなる。そこで、管表面の粗さ（表面における凸部の最大高さ ε [m]）を考慮した相間式として、次の式がある。

$$\frac{1}{\sqrt{f}} = 3.48 - 4.0 \log\left[2\left(\frac{\varepsilon}{D}\right) + \frac{9.35}{Re\sqrt{f}}\right] \tag{2-20}$$

　対数には10を底とする常用対数 $\log_{10} x$ と e を底とする自然対数 $\log_e x$ がある。$\log_{10} x$ は $\log x$ と記述し、$\log_e x$ は $\ln x$ と記述することがある。

例題 2-10

内径が 0.05 m で長さ 100 m の平滑な管の中を 20℃ の水が平均速度 3 m·s^{-1} で流れているとき、この管の両端の圧力損失はいくらか。ただし、20℃ の水の密度は 1000 kg·m^{-3}、粘度は 1.0 mPa·s = 10^{-3}Pa·s = 10^{-3}kg·m^{-1}·s^{-1} である。

解説

はじめにファニングの式における摩擦係数 f を決める必要があり、そのためにレイノルズ数 Re を計算する。

$$Re = (0.05)(3)(1000)/10^{-3} = 150{,}000$$

である。(2-19) 式に $Re = 150{,}000$ を代入すると、

$$1/\sqrt{f} = 4.0 \log(150{,}000\sqrt{f}) - 0.4$$

この式は簡単に解けないので、図 2-6 から $f = 0.005$ に近い値を代入すると、

$f = 0.004$ のとき　左辺 = 15.8　右辺 = 15.5
$f = 0.005$ のとき　左辺 = 14.1　右辺 = 15.7

さらに精度を上げて、

$f = 0.0041$ のとき　左辺 = 15.62　右辺 = 15.53
$f = 0.0042$ のとき　左辺 = 15.43　右辺 = 15.55
$f = 0.00414$ のとき　左辺 = 15.54　右辺 = 15.54

$f = 0.00414$ およびその他の数値を (2-16) 式に代入すると、

$$\Delta P = (4)(0.00414)(100/0.05)(1000)(3^2)/2 = 149{,}040 \text{ Pa}$$

流体をある流速で移送するために必要な圧力損失が決まれば、そのためのポンプの能力を決定することができる。一方、配管を考えると、直角に折れ曲がった流路や、径の異なる管を接続する場合がある。この場合には $f(L/D)$ に代わる係数を用いれば、圧力損失を推定することができる。

熱の流れ

　物質を構成している原子や分子は小刻みでランダムな動きをしている。これを**熱運動**と呼ぶ。熱運動の運動エネルギー（質量 m の分子が速度 u で運動しているとき、その運動エネルギー $(1/2)mu^2$）は**温度**が上昇すると大きくなる。温度は物体の温かさや冷たさの度合いを表すものであるが、分子レベルでは温度は熱運動の激しさを示している。

　高温の物体と低温の物体を接触させると、高温の物体の温度が下がり、低温の物体の温度が上がり、最終的には両者の温度が等しくなる。これは、高温の物体の持つ熱運動のエネルギーが低温の物体に移動するためである。このように熱エネルギーは高温側から低温側へ流れる。この例のように物質の中を熱エネルギーが伝わっていく現象を**伝導伝熱**という。熱の伝わり方には伝導伝熱以外に**対流伝熱**および**放射伝熱**がある。この 3 種類の伝熱法については身の回りの生活で数多く体験している。鉄板焼きのステーキやチャーハンは伝導伝熱による調理法で、油の中で調理する天ぷらや、出し汁そのものを利用するうどん、味噌汁、スープは対流伝熱を利用している。最後に放射伝熱は、炭火焼で調理する焼き鳥や焼き魚をイメージすれば理解できるであろう。

地道に伝導伝熱

電気の流れと同じように長さが L で断面積が S の金属棒の両端に温度差 T をつける。金属棒の中の伝熱速度を Q （単位：W＝J·s^{-1}）とする。電気の流れと同様に Q は次式で表される。

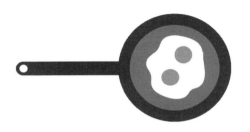

$$Q \propto ST/L \tag{2-21}$$

電流密度と同様に伝熱速度 Q を S で割った値を定義する。これを**熱流束** q と呼ぶ。したがって q の単位は J·m^{-2}·s^{-1} となる。流束の意味は断面積 1 m^2 当たり 1 秒間にどれだけのエネルギーが移動したかを表す。(2-21) 式を熱流束 q で表すと、

$$q = Q/S = k(T/L) \tag{2-22}$$

となり、微分の形で表すと、

$$q = -k(dT/dx) \tag{2-23}$$

となる。比例定数である k は**熱伝導度** [W·K^{-1}·m^{-1}] と呼ばれる物性である。また、(2-23) 式の関係を**フーリエの法則**と呼ぶ。金属では熱も自由電子によって運ばれるので、電気伝導度の高い金属は熱伝導度も高い。逆に気体の熱伝導度は小さく、液体や金属酸化物の熱伝導度は金属と気体の中間の値をとる。そのため、熱の移動を遮断する目的で使われる断熱材は、多孔質や繊維状構造にすることで内部に静止した気体を含有することで材料としての熱伝導度を小さくしている。

金属を加熱するとすぐに熱くなるが、質量が同じ水を同じように熱してもなかなか熱くならない。これは伝熱速度ではなく、**比熱**の問題である。

比熱は物質 1 g の温度を 1 K 上げるのに必要なエネルギーなので、その単位は ［J・g^{-1}・K^{-1}］ である。水 1 g の温度を 1 K 上げるのに必要なエネルギーは 4.18 J であり、日常生活では 4.18 J に相当するエネルギー量として 1 cal（カロリー）を使っている。純物質では加熱に必要なエネルギーを比熱で計算できるが、実際に使用しているものは混合物であったり、複数の材質から構成されたものであったるするので、ある物質全体の温度を 1 K 上げるのに必要な熱量として**熱容量**が使われる。

熱伝導度 ［W・m^{-1}・K^{-1}］

0.01	0.1	1	10	100	1000
発泡ポリスチレン	エタノール	ガラス	Pt	Cu	
空気	ベンゼン	水	Fe	Ag	
H$_2$	塩ビ	レンガ	Hg	Al	

例題 2-11

室外の温度が 0℃ で、室内の温度を 25℃ に保っているとき、木造住宅のガラス窓（面積 1 m^2、厚さ 5 mm、ガラスの熱伝導率 3 W・m^{-1}・K^{-1}）を通しての伝熱速度はいくらになるか。ただし、その他の場所への熱の移動は無視する。

（2-22）式より $Q = kST/L$ なので、

$Q = (3)(1)(298 - 273)/0.005$
  $= 15,000 \text{ W}$
  $= 15,000 \text{ J・s}^{-1}$

地道に伝導伝熱 | **55**

例題 2-11 で防寒のために窓の外側に断熱シート（厚さ2mm、シートの熱伝導率 0.1 W·m⁻¹·K⁻¹）を被覆した。部屋の温度は 25℃、室外の温度が 0℃ とすると、伝熱速度はいくらになるか。

ガラスと断熱シートと異なる材質を通して熱が伝わる場合、熱エネルギーは保存されるので、下図で示すようにガラス部分と断熱シートの伝熱速度は等しい。ここでガラスと断熱シートの境界温度を T^* とすると、それぞれの伝熱速度は以下の方程式で表される。

$$(3)(1)(298-T^*)/0.005 = (0.1)(1)(T^*-273)/0.002$$
$$600(298-T^*) = 50(T^*-273)$$
$$T^* = (600\times298 + 50\times273)/(600+50) = 296.1 \text{ K}$$

となり、伝熱速度は、

$$(3)(1)(298-296.1)/0.005 = 1140 \text{ W}$$

熱伝導率の低い材料を重ねると伝熱速度が小さくなる。ガラス窓だけであれば室内の温度を維持するために 15,000 W の暖房が必要であるが、断熱シートを貼ると必要な熱量が 1140 W と 1/10 以下になり省エネルギーである。カーテンを重ねるだけでも空気が断熱材となるので効果的である。

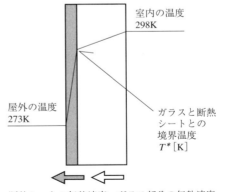

地球の風と対流伝熱

熱いお風呂でも静かにつかっていればその熱さに耐えられるが、お湯をかき混ぜられるとがまんできないという経験はあるでしょう。お湯から人間の体への伝熱速度を人間がセンサとなって測定しているようなもので、

伝熱速度が上がると熱く感じる。このように流体を通しての伝熱を**対流伝熱**という。図2-7はお湯につかった人の皮膚の近傍における温度分布を示したものである。「流体の流れ」で述べたように流体は接触する固体壁では速度成分が0となり、壁の近傍ではあたかも流体が静止したような領域ができ、そこでは伝導伝熱によって熱が伝わる。この領域のことを**境膜**あるいは**境界層**という。境膜の外側では流れによってお湯は一定の温度 T_0 [K] に維持されている。人間の肌の温度を T として、境膜の厚さを L とすると境膜における熱流束 ($q = Q/A$) は、

$$q = k(T_0 - T)/L \tag{2-24}$$

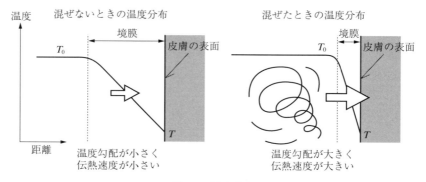

図 2-7 温度分布

地球の風と対流伝熱 **57**

となる。水の熱伝導度と温度差（$T_0 - T$）は湯をかき混ぜることには関係がない。湯をかき混ぜないときには、境膜が発達して L が大きな値をとるので伝熱速度は小さい。一方、湯をかき混ぜると境膜が薄くなり、L が小さい値をとるので伝熱速度が大きくなる。

　境膜の厚さは実際には測定できないので、対流伝熱速度を表す式では熱伝導度を境界層の厚さで割った**境膜伝熱係数** h（$= k/L$）（単位は W・m^{-2}・K^{-1}）で表され、この値は実験的に決定される。

$$q = (Q/A) = h(T_0 - T) \tag{2-25}$$

　円管内が乱流状態の場合、対流伝熱については次式を用いて境膜伝熱係数を推定することができる。

$$(hd/k) = 0.023(du\rho/\mu)^{0.8}(C_p\mu/k)^{0.4} \tag{2-26}$$

ここに，d は円管の直径 [m]、k は流体の熱伝導度 [W・m・K^{-1}]、u は流体の流速 [m・s^{-1}]、ρ は流体の密度 [kg・m^{-3}]、μ は流体の粘度 [Pa・s]、C_p は比熱 [J・kg^{-1}・K^{-1}] である。

　ポンプや送風機を用いて流体を流動させる場合を強制対流と呼ぶ。これに対してやかんでお湯をわかすときには何もしなくても自然に流れが起こる。このように温度差による流体の密度変化が原因で流れが起きる場合を自然対流と呼ぶ。伝熱面が垂直平板で自然対流が起こる場合には、以下の式で自然対流における境膜伝熱係数 h を定めることができる。

$$(hd/k) = 0.555[(g\beta d^3 \Delta T \rho^2/\mu^2)(C_p\mu/k)]^{1/4} \quad （層流）\tag{2-27}$$

$$(hd/k) = 0.129[(g\beta d^3 \Delta T \rho^2/\mu^2)(C_p\mu/k)]^{1/3} \quad （乱流）\tag{2-28}$$

ここに，g は重力の加速度 [m・s^{-2}]、β は膨張係数 [K^{-1}]、ΔT は加熱面と静止流体との温度差 [K] である。

 内径 50 mm の円管内を 20℃ の水が流速 1 m·s⁻¹ で流れている場合の境膜伝熱係数 h を求めよ。ただし、20℃ の水の密度は 1000 kg·m⁻³、粘度は 10⁻³ Pa·s、比熱は 4.18 kJ·kg⁻¹·K⁻¹、熱伝導度は 0.6 W·m⁻¹·K⁻¹ である。

(2-26) 式の右辺の $(du\rho/\mu)$ がレイノルズ数なので、これを求めて流れの状態を判定する。

$$(du\rho/\mu) = (0.05)(1)(1000)/(10^{-3}) = 50,000$$

となり、乱流であるので (2-26) 式が適用できる。

$$(C_p\mu/k) = (4180)(10^{-3})/0.6 = 6.97$$

したがって、

$$h = 0.023(k/d)(du\rho/\mu)^{0.8}(C_p\mu/k)^{0.4}$$
$$= 0.023(0.6/0.05)(50,000)^{0.8}(6.97)^{0.4}$$
$$= 3446 \text{ W·m}^{-2}\text{·K}^{-1}$$

同じ円管内を 20℃ の空気の流速を 10 m·s⁻¹ とした場合には、$(du\rho/\mu) = (0.05)(10)(1.2)/18.1×10^{-6} = 33,149$、$(C_p\mu/k) = (1000)(18.1×10^{-6})/0.0257 = 0.704$ となり、(2-26) 式より境膜伝熱係数を計算すると $h = 42.5$ W·m⁻²·K⁻¹ となり、水に比べて空気の境膜伝熱係数は小さい。

 例題2-11のガラス窓（面積1 m², 厚さ5 mm, 熱伝導度3 W·m⁻¹·K⁻¹）の近傍には境膜が形成し、室内外で対流によって熱が伝わるとき、室内と室外の境膜伝熱係数がそれぞれ10および50 W·m⁻²·K⁻¹とすると、伝熱速度はいくらになるか。部屋の温度は25℃、室外の温度は0℃とする。

対流伝熱の伝熱速度は（2-25）式より、$Q = hA(T_0 - T)$ なので、室内のガラス表面温度を T_1[℃]、室外のガラス表面温度を T_2[℃] とすると、

$Q = (10)(1)(298 - T_1) = (3/0.005)(1)(T_1 - T_2) = (50)(1)(T_2 - 273)$
　　（室内の対流伝熱）　　（ガラスの伝導伝熱）　　（室外の対流伝熱）

$$298 - T_1 = Q/10$$

$$T_1 - T_2 = 0.005\, Q/3$$

$$T_2 - 273 = Q/50$$

左辺の和 $= (298 - T_1) + (T_1 - T_2) + (T_2 - 273) = 25 =$ 右辺の和より、伝熱速度は、

$$Q = 25/(1/10 + 0.005/3 + 1/50) = 205.5 \text{ W}$$

$$T_1 = 298 - 205.5/10 = 277.5 \text{ K}(4.5℃)$$

$$T_2 = 273 + 205.5/50 = 277.1 \text{ K}(4.1℃)$$

太陽の放射伝熱

放射伝熱は伝導伝熱や対流伝熱とは異なり、エネルギーが電磁波の形で空間を飛びこえて伝わる現象である。固体表面は、すべてその温度に応じて分布を持った電磁波を発散する。電磁波が照射された物体については、吸収して熱エネルギーに変換するだけでなく、表面で反射したり、物体内を透過したりする。入射する電磁波をすべて吸収する理想的な物体を仮定し、これを黒体という。実際に固体から射出される電磁波エネルギーの総量 q は次式で表される。

$$q = \varepsilon \sigma T^4 \qquad (2\text{-}29)$$

ここで ε は固体表面の射出率、σ はステファン-ボルツマン定数（$5.675 \times 10^{-8}\,\mathrm{W \cdot m^{-2} \cdot K^{-4}}$）である。

ある面からある面に放射伝熱が起こり、対象となる面から面への総括吸収率を ϕ とすると、放射伝熱における熱流束は次式で表される。

$$q = \phi \sigma (T_0^4 - T^4) \qquad (2\text{-}30)$$

総括吸収率 ϕ は電磁波を反射するか吸収するか、あるいは形状でも変化する値である。

地球温暖化が叫ばれているが、これは地球に対する熱エネルギーの収支の問題である。太陽から地球表面には放射により熱が伝わる。地球に照射される単位投影面積あたり平均放射エネルギー S は $1370\,\mathrm{W \cdot m^{-2}}$ である。一方、地球は放射エネルギーの 30% を宇宙空間に反射している（反射率 $A = 0.3$）。逆に地球から宇宙空間へ放出するエネルギーについては射出率

ε は 0.61 である。地球の半径を r、地表面の平均温度を T とすると、エネルギー収支は (2-29) 式より、

$$S\pi r^2(1-A) = 4\pi r^2 \varepsilon \sigma T^4 \tag{2-31}$$

この式より T を求めると、$T = 288.5$ K、すなわち 15.5℃ となる。地球温暖化とは現代社会で化石燃料を急激に消費しているために、大気中の CO_2 濃度が増加し、地表から宇宙空間に放射されようとする赤外線を CO_2 や H_2O などの気体分子が吸収することで、射出率 ε が減少し、結果的に温暖化することである。

例題 2-15

(2-31) 式で射出率 ε が 0.50 になったとすると、地表温度は何℃になるか。

解説

(2-31) 式より、

$$T = (S(1-A)/4\varepsilon\sigma)^{1/4}$$
$$= [(1370)(0.7)/(4)(0.5)(5.675 \times 10^{-8})]^{1/4} = 303 \text{ K}$$

すなわち、30℃ まであがる。

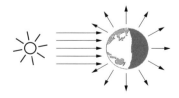

熱交換で熱移動

暖房時に通常の換気をすると、図 2-8 (a) に示すように部屋の温かさを逃がすことになる。熱交換型の換気扇では図 2-8 (b) に示すように室内の暖かい空気から、換気扇で取り込んだ冷たい冷気に熱を伝えることで、屋外の空気を室内の温度に近づけて部屋に送り込むことができる。このようにすると、部屋の中の暖房に必要なエネルギーを削減することができる。

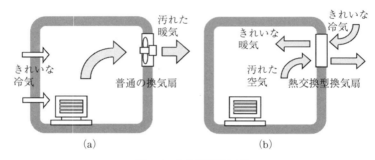

図 2-8　熱交換型換気扇

工場や発電所では、このように高温流体から低温流体に熱移動を起こさせる装置として熱交換器が使われており、省エネに大きく貢献している。工業用熱交換器には多くの種類があるが、ここでは図 2-9 に示す 2 重管式熱交換器について説明する。図 2-9 において外部への熱移動（熱損失）がないとすれば、高温流体が失った熱量と低温流体が得た熱量は等しくなり、その熱量 Q [J·s^{-1}] は，

$$Q = C_{ph}\,\rho_h V_h (T_{h1} - T_{h2}) = C_{pc}\,\rho_c V_c (T_{c2} - T_{c1}) \tag{2-32}$$

ここに、C_p は比熱、ρ は密度、V は体積流量、T は温度である。h は高温流体、c は低温流体を示し、1 は入口、2 は出口を示す。

(2-32) 式の熱量は高温流体から管材料を通して低温流体へ熱が移動したものであり、その推進力は高温流体と低温流体の温度差 ΔT である。この温度差は熱交換器の位置によって連続的に変化する量である。管全体に

わたる温度差の平均値を ΔT_m とし、管の表面積を A とすると、熱量 Q は次のように表される。

$$Q = UA\Delta T_m \tag{2-33}$$

ここに、U は高温流体と低温流体の伝熱係数および管の熱伝導度と厚さで決まる総括伝熱係数である。ΔT_m はこの場合、熱交換器の両端の温度差 ΔT_1 と ΔT_2 の対数平均値となる。

$$\Delta T_m = \frac{\Delta T_1 - \Delta T_2}{\ln(\Delta T_1/\Delta T_2)} \tag{2-34}$$

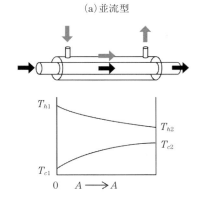

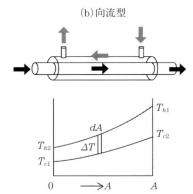

図 2-9　2重管式熱交換器の温度分布

例題 2-16

2重管式熱交換器を用いて 90℃ の温水（比熱 C_p＝4.2 kJ·kg^{-1}·K^{-1}）を用いて 10℃ の油（比熱 C_p＝2.1 kJ·kg^{-1}·K^{-1}）を 50℃ まで加熱する。温水と油の質量流量がともに 0.5 kg·s^{-1} のとき、温水の出口温度はいくらか。また、総括伝熱係数 U＝1000 W·m^{-2}·K^{-1} とすると、並流型と向流型の伝熱面積はいくらか。

解説

(2-32) 式より，

$$Q = (2.1)(0.5)(323-283) = (4.2)(0.5)(363-T)$$

より、$T = 343$ K、$Q = 42$ kJ·s^{-1} となり、
温水の出口温度 70℃
向流型では、$\Delta T_1 = 343 - 283 = 60$、$\Delta T_2 = 363 - 323 = 40$ より、

$$\Delta T_m = (60-40)/\ln(60/40) = 49.33$$
$$Q = (1000)A(49.33) = 42,000$$

より、$A = 0.85$
伝熱面積　0.85 m^2
並流型では、$\Delta T_1 = 363 - 283 = 80$、$\Delta T_2 = 343 - 323 = 20$ より、

$$\Delta T_m = (80-20)/\ln(80/20) = 43.28$$
$$Q = (1000)A(43.28) = 42,000$$

より、$A = 0.97$
伝熱面積　0.97 m^2

気体の状態方程式

気体中で分子はばらばらの状態で空間を自由に飛びまわっている。気体を容器に閉じ込めると、気体分子は常に熱運動をしているので、たえず容器の壁に衝突する。この器壁一定面積当たりに及ぼす力が圧力[Pa]である。分子の個数を増加させるか、温度を上げて分子の熱運動を激しくすると圧力は増加する。すなわち、気体の圧力Pは気体の濃度C [mol·m^{-3}]に比例し、絶対温度T[K]に比例する。濃度Cを容器内の分子の物質量n[mol]と容器の容積V[m^3]で表すと、$C = n/V$となる。これを方程式として整理すると、

$$P = CRT = (n/V)RT \text{ あるいは } PV = nRT \tag{2-35}$$

となり、これを**気体の状態方程式**と呼ぶ。ここで、Rは気体定数で8.314 [Pa·m^3·K^{-1}·mol^{-1}]である。

(2-35)式で表される気体の状態方程式にあてはまると想定した気体を**理想気体**という。これに対して、実際に存在する気体は実在気体という。水素や窒素などの気体は圧力を上げると理想気体からのずれが大きくなる。これは(2-35)式が成り立つ理想気体の条件として分子の大きさがなく、気体中では分子間力を0としているからである。

気体分子が移動できる空間は図2-10に示すように、全体積Vから分子自身の体積を差し引く必要がある。1 molの分子の体積をbとして、空間に存在する物質量をnモルとすると、理想気体の状態方程式のVに$V-nb$を代入しなければならない。常圧の条件では$V \gg nb$であるが、高圧に

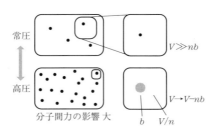

図 2-10 実在気体

なると分子自身の体積の影響が無視できない。

実在気体で影響する 2 つめの因子は分子間力である。常圧で気体分子が希薄な場合には分子間力は影響しないが、高圧で分子が密集してくると、気体分子による器壁への衝撃（圧力）が分子間力によって弱くなる。圧力が低下する割合は、気体分子の分子間力 a とモル濃度 (n/V) の 2 乗に比例するので、理想気体の圧力 P を $(P+a(n/V)^2)$ と修正すればよい。こうして、実在気体の挙動を予測するために、分子自身の体積と分子間力を補正した代表的な状態方程式として次式に示すファンデルワールス状態方程式ができた。

$$\left(P + \frac{an^2}{V^2}\right)(V - nb) = nRT \tag{2-36}$$

a は分子間力の大きさを補正する定数、b は分子自身の体積を補正する定数である。

表 2-1 ファンデルワールス定数

気体	定数 $a \times 10$ [Pa·m^6·mol^{-2}]	定数 $b \times 10^5$ [m^3·mol^{-1}]
He	0.0345	2.38
H$_2$	0.2451	2.65
N$_2$	1.370	3.87
O$_2$	1.382	3.19
CO	1.472	3.95
CO$_2$	3.657	4.29
H$_2$O	5.535	3.05
C$_2$H$_6$	5.579	6.51

 標準状態（温度273 K、圧力101.3 kPa）における気体1 molの体積はいくらか。温度が室温（298 K）になると1 molの体積はどれだけ膨張するか。気体は理想気体とする。

(2-35) 式は気体の種類に無関係なので、どの気体でも、

$$V = nRT/P = (1)(8.314)(273)/(101.3 \times 10^3) = 0.0224 \text{ m}^3$$

となり、1 molの気体は0.0224 m³の体積を占める。温度を298 Kにすると0.0245 m³の体積となるので、0.0021 m³（2.1 l）膨張する。

このように同じ1 molの気体の体積は温度や圧力によって変化するので、正確に表すには標準状態に換算して、標準状態の体積であることを示す必要があり、"N"を付け加えた1 Nm³やm³（標準状態）で表すことがある。

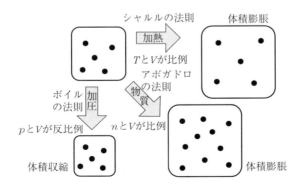

 10 cm³ のエタノール（C_2H_5OH、分子量 46、密度 0.79 g・cm⁻³）を 1 気圧、100℃ で気化してエタノール蒸気にすると、体積は何倍膨張するか。

エタノールの質量は $(0.79)(10) = 7.9$ g なので、物質量は $7.9/46 = 0.1717$ mol、気体の状態方程式（2-35）式より

$$V = nRT/P = (0.1717)(8.314)(273+100)/(10,1300)$$
$$= 5.256 \times 10^{-3} \text{m}^3$$

より、液体に対する蒸気の体積比は $5.256 \times 10^{-3}/10 \times 10^{-6} = 525.6$
エタノールはこの条件で気化すれば体積が 526 倍になる。

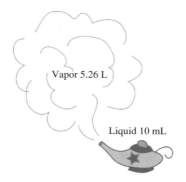

石油などの液体燃料に比べて、同じエネルギーで比較すると都市ガス（主成分はメタン）などの気体燃料は体積が大きいので、貯蔵する場合には加圧しなければならない。そのため、ガス会社では耐圧性に優れた球状の貯槽がみられる。

全圧と分圧

2種類の気体分子AとBがひとつの容器に入っているとき、その混合気体の圧力は、A分子とB分子が容器の壁に衝突することで生じる。気体の状態方程式（(2-35) 式）より n_A モルのA分子が単独で容器に入っているときの圧力 p_A は $(n_A/V)RT$ で、n_B モルのB分子単独では圧力 p_B は $(n_B/V)RT$ となる。n_A モルのA分子と n_B モルのB分子を混合したときの混合気体の全圧力は、

$$P = [(n_A + n_B)/V] RT = p_A + p_B \quad (2\text{-}37)$$

となる。このようにA分子またはB分子が単独で示す圧力を**分圧**といい、混合気体の圧力を**全圧**という。(2-37) 式に示すように**全圧は各成分気体の分圧の和に等しくなり、これをドルトンの分圧の法則**という。

空気は混合気体であり地上の全圧を1気圧（101.3 kPa）とする。乾燥した空気中には体積比で窒素が 78.1%、酸素が 20.9%、アルゴンが 0.9% 含まれているので、窒素の分圧 p は、

$$p（窒素の分圧）= P（混合気体の全圧）\times（窒素の体積比率）$$
$$= 101.3 \text{ kPa} \times 0.781 = 79.1 \text{ kPa} \quad (2\text{-}38)$$

となる。

液体中へ気体が溶解する吸収操作や、混合気体から着目成分のみを選択的に透過する膜分離では、一般的には気体の濃度 C [mol・m^{-3}] を分圧 p [Pa] で表記する。両者は気体の状態方程式（(2-35) 式）、$p = CRT$ を用いて換算できる。

混合気体では、同温、同圧であれば、分圧の比＝物質量の比である。温度 50℃ で全圧 2 気圧に加圧された混合気体に含まれる気体成分 A の分圧が 40 kPa のとき、A の濃度はいくらか。

2 気圧の混合気体の全濃度 C は（2-35）式より、$C = P/RT$ なので

$$C = (2)(10,1300)/(8.314)/(273+50) = 75.44 \text{ mol·m}^{-3}$$

分圧の比＝物質量の比の関係から $C_A/C = P_A/P$ が成り立つので、

$$C_A = C \times (P_A/P) = (75.44)(40,000/202,600) = 14.9 \text{ mol·m}^{-3}$$

である。

たとえば、圧力 1 気圧で容積一定の反応器内で以下に示すプロパンの熱分解反応を行うとき、

$$C_3H_8 \rightarrow CH_4 + C_2H_4$$

反応が最後まで進んで、反応器内にはプロパンがなくなった状態では、物質量が 2 倍になるので、気体の状態方程式（(2-35) 式）の関係から、反応器内の圧力は 2 気圧になる。メタン（CH_4）とエチレン（C_2H_4）は等モル生成するので、メタンとエチレンの分圧はそれぞれ 1 気圧となる。次に、C_3H_8 の半分が反応した場合には、反応器内にはプロパンは反応開始に比べて物質量が 1/2 になり、同物質量のメタンとエチレンがそれぞれ生成するので、全体としては反応開始時に比べて物質量が 1.5 倍となる。このとき反応器内のプロパン、メタンおよびエチレンの分圧はすべて 0.5 気圧となる。

じめじめ湿度

天気予報では「空気が乾燥していて火の取り扱いに注意」とか、「蒸し暑い一日になりそうです」という表現がよく使われている。乾燥空気中の窒素や酸素の組成は一定であるが、空気中に含まれる水蒸気の量は、毎日変化しており、それを湿度として表現している。ここでは湿度について考える。

水蒸気を含んだ空気を湿り空気と呼ぶが、ある一定温度で空気中の水蒸気濃度を上げていくとその濃度には限界がある。例えば、熱い夏の日に冷えたジュースの入ったグラスをながめると表面に水滴ができている。これは湿り空気がグラスの表面で冷却されて、これ以上水蒸気を含むことができなくなり、水滴となったからである。このように限界まで水分を保持している空気を飽和空気という。

1気圧（101.3 kPa）の湿り空気が理想気体とすると、その中に含まれる水蒸気と空気のモル比はその分圧に比例する。全圧を P [Pa]、水蒸気の分圧を p [Pa] とすると、乾燥空気の分圧は $P-p$ となるので、乾燥空気に対する水蒸気のモル比は $p/(P-p)$ となる。水蒸気の分子量は18（1 molの水の重さは18 g）であり、空気の平均分子量は約29である。湿度 H（絶対湿度）は乾燥空気に対する水蒸気の質量比である。

$$H = (18/29)[p/(P-p)] \tag{2-39}$$

天気予報で使われている湿度（相対湿度）ϕ は、飽和空気における水蒸気の分圧 p_s に対する湿り空気の水蒸気の分圧 p の比を百分率で表したものである。

$$\phi = (p/p_s) \times 100 \tag{2-40}$$

家庭で使われる灯油ストーブから工場あるいは発電所のボイラーも燃焼に空気を用いる。そのため、混合ガスである空気の性質を知ることは重要である。空気の平均分子量と密度（20℃）を計算で求めよ。

乾燥した空気中には窒素、酸素に加えてアルゴン、二酸化炭素、水素など多くの成分が含まれているが、ここでは簡単に空気が79％の窒素と21％の酸素の混合物として考えると、窒素と酸素の分子量はそれぞれ28と32なので、空気の平均分子量は、

$$28 \times 0.79 + 32 \times 0.21 = 28.8 ≒ 29$$

である。

(2–35) 式の気体の状態方程式の物質量 n [mol] を、気体の質量 w [kg] と分子量 M [kg·mol^{-1}] で表すと、

$$PV = nRT = (w/M)RT$$

となるので、気体の密度 d [kg·m^{-3}] は次式となる。

$$d = w/V = (PM/RT)$$

したがって、空気の平均分子量を 0.029 kg·mol^{-1} とすると、密度は、

$$(101,300)(0.029)/(8.314)/(293) = 1.21 \text{ kg·m}^{-3}$$

である。

空気の組成

物　質	存在百分率 (vol%)	物　質	存在百分率 (vol%)
窒素、N_2	78.08	ネオン、Ne	0.0018
酸素、O_2	20.95	ヘリウム、He	0.00052
アルゴン、Ar	0.93	メタン、CH_4	0.0002
二酸化炭素、CO_2	0.031	クリプトン、Kr	0.00011
水素、H_2	0.005	一酸化窒素、NO	0.00005

 幅 10 m、長さ 20 m、高さ 2 m の教室の気温は 24℃ で湿度（相対湿度）は 62％ であった。1 気圧（101.3 kPa）で 24℃ における飽和水蒸気の分圧は 2.98 kPa である。絶対湿度はいくらか。また、この教室の空気には何 g の水が含まれているか。

この教室の水蒸気の分圧は、

$$2980 \times 0.62 = 1847.6 \text{ Pa} = 1.8476 \text{ kPa}$$

となる。
乾燥空気の分圧は $101,300 - 1847.6 = 99,452.4$ Pa なので、絶対湿度 H は、

$$H = (18/29)(1847.6/99,452.4) = 0.0115$$

すなわち、絶対湿度は 0.0115 である。
　教室の容積は $10 \times 20 \times 2 = 400$ m³ である。水蒸気の分圧が 1.8476 kPa なので、教室内に含まれる水蒸気の物質量は (2-35) 式より、

$$n = (PV/RT) = (1847.6)(400)/(8.314)(297)$$
$$= 299.3 \text{ mol}$$

となる。
水の分子量は 18 なので、教室内の水分量は、

$$299.3 \times 0.018 = 5.39 \text{ kg}$$

である。

じわっと拡散

　日常生活で楽な暮らしをしていると、どうしても部屋の中が散らかってくる。散らかった部屋を片付けるにはエネルギーが必要である。このことは自然科学においても真実であり、時間がたてば物事は乱雑な方向へと進む。このことは熱力学の第2法則として知られ、「孤立系のエントロピーは自発変化の間増加する」という難解な用語で定義されている。

　2種類の気体分子A（白丸）と気体分子B（黒丸）が図2-11に示すようにそれぞれ別の容器に入っている。この状態で2つの容器の壁をとりさると、分子は次第に混ざり合う。すなわち、区切られた規則性が高い状態から、乱雑な方向へと状態が変っていく。このとき気体分子Aの移動に着目すると、分子Aは熱運動によって濃度が高いところから低いところへ移動する。このことを**拡散（分子拡散）**という。また、分子Aが動く速度は濃度勾配が急であるほど大きい。分子が移動している空間内にある面を考えると、面積 $1\,m^2$ 当たり、$1\,s$（秒）当たりに面を通過する分子の個数を**流束**（J、単位は $mol\cdot m^{-2}\cdot s^{-1}$）という。流束は濃度勾配（$dC/dx$）に比例する。

$$J \propto (dC/dx) \tag{2-41}$$

分子の移動する方向に対して濃度勾配は負となるので、

$$J = -D(dC/dx) \tag{2-42}$$

この式を**フィックの法則**と呼ぶ。この式で比例定数を**拡散係数**（D、単

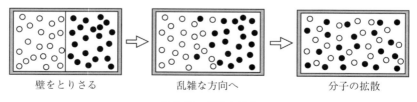

図2-11　分子の拡散

位は $m^2 \cdot s^{-1}$) と呼ぶ。拡散係数の値は移動する分子の種類とその周囲の分子によって決まる。熱の移動と運動量の場合も、単位面積、単位時間当たり移動する対象が物質 [mol] からエネルギー [J] や運動量 [kg・m・s^{-1}] となるが、それぞれの流束は同じ型の式で表される。

$$q = -k(dT/dx) \quad (フーリエの法則) \qquad (2\text{-}43)$$

$$\tau = -\mu(dU/dx) \quad (ニュートンの法則) \qquad (2\text{-}44)$$

日常生活では、流れが起こると拡散現象がみえなくなるので、拡散現象を意識することは少ないが、例えば風のない室内に香水瓶を置いておくと、離れたところでも、拡散が起こるので香りが感じられる。一方、お風呂に入れた入浴剤は簡単には広がらないことから、液体中の拡散は遅いようだ。図 2-12 に示すようにコップの底に色のついた液を入れ、その上に水を静かに注ぐと、色素の分子が分子拡散して次第に色が均一になる。この過程は、時間とともに高さ方向の濃度分布が変化していくので非定常の状態である。

したがって、(2-42) 式に示す定常状態の式では解析できないが、非定常の拡散方程式を解くと、拡散係数を D とし、高さが L [cm] のコップであれば、$L/2$ [cm] のところで、底にある色素分子の濃度の半分になるまでの混合時間はおよそ $0.1 L^2/D$ となる。コップの高さを 5 cm、一般的な液体の拡散係数はおよそ $10^{-9} m^2 \cdot s^{-1}$ のオーダーであり、これらの値を用いて混合時間を計算すると 250,000 s、だいたい 3 日くらいかかる。コップの水をスティックで撹拌すれば一瞬のうちに混合できる。分子拡散の速度は非常に遅い。この実験を気体分子で行うとすれば、常温付近の気体の分子拡散係数はおよそ $10^{-4} m^2 \cdot s^{-1}$ のオーダーなので、$D = 10^{-4} m^2 \cdot s^{-1}$ として計算すると混合時間は 2.5 s となり、液体に比べ短時間で拡散することがわかる。

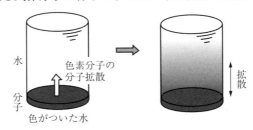

図 2-12　コップの中の分子拡散

分子の流れ

図 2-13 は乾湿温度計と呼ばれ、湿度を測定するものである。温度計を 2 本並べ、一方は温度計の球の部分をガーゼで覆い、下から水を補給している。ガーゼの部分から水分が蒸発するので、右側の温度計は左側の温度計より低い温度を示す。蒸発するためには熱の移動が必要であり、蒸発した水分は水蒸気となって外部へ移動しなければならないので、この現象では**熱移動**と**物質移動**が同時に起こっている。

ガーゼの表面での温度分布を図 2-14 に示す。ガーゼの外周部から熱移動が起り、その熱によってガーゼの水分が蒸発している。ガーゼ表面の温度は蒸発熱を奪われるので T_w [K] まで下がる。このときの熱流束は (2-25) 式より $q = h(T - T_w)$ である（q の単位は $J \cdot m^{-2} \cdot s^{-1}$）。

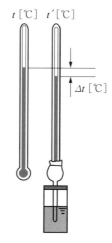

図 2-13 乾湿温度計

次に、ガーゼ近傍における水蒸気分子の濃度分布を図 2-15 に示す。ガーゼの近傍は飽和空気となり、その水蒸気の分圧 p_w は周囲の水蒸気の分圧 p よりも高くなり、水蒸気は外周部へと移動する。物質移動の場合も

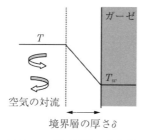

図 2-14 湿球近傍の熱移動

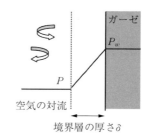

図 2-15 湿球近傍の物質移動

分子の流れ　77

伝熱と同様にガーゼの周辺部には流れ（撹拌）の弱い境界層が形成されるので、水蒸気の分子は境界層を分子拡散しながら移動する。

物質移動の流束 J [mol·m^{-2}·s^{-1}] は分子拡散係数を D [m^2·s^{-1}]、境界層の厚さを δ [m] として、(2-42) 式の dC/dx を $(p_w - p)/\delta$ で表すと、

$$J = (D/\delta)(p_w - p) \tag{2-45}$$

となる。物質移動でも境界層の厚さ δ は不確実なので、D と δ を組み合わせた境膜物質移動係数 $k(=(D/\delta))$ を用いる。

$$J = k(p_w - p) \tag{2-46}$$

となる。水の蒸発熱を λ [J·mol^{-1}] とすると、単位面積単位時間当たり J [mol] の水が移動するときには、単位時間単位面積あたり $J\lambda$ ジュールの熱が移動していることになり、

$$J\lambda = q \tag{2-47}$$

の等式が成り立ち、(2-25) 式および (2-46) 式より、

$$k\lambda(p_w - p) = h(T - T_w) \tag{2-48}$$

となる。分圧を絶対湿度で表し、そのときの境膜物質移動係数を換算して k' とすると、

$$H_w - H = [h/(k'\lambda)](T - T_w) \tag{2-49}$$

となるので、この関係式から、乾球の温度 T と湿球の温度 T_w を測定すれば、$h/(k'\lambda)$ と H_w はわかっているので湿度 H を求めることができる。

化学反応は多くの場合、原料となる分子が拡散した後で反応するという逐次的な過程から成り立っているので、化学反応を解析するとき、とくに、気体あるいは液体中を拡散して異相界面あるいは多孔質固体内部で反応する不均一反応では物質移動速度を考慮する必要がある。

例題 2-22

白金を担持した平板触媒を用いると、触媒面上で有機物の燃焼反応をすることができる。このとき、有機物が境膜を通る物質移動速度 N [mol·s^{-1}] は、触媒面上の反応速度に等しくなる。反応速度が触媒面積 A [m^2]、触媒表面上のメタン濃度 C_f [mol·m^{-3}] に比例し、比例定数（速度定数）を K [m·s^{-1}] とすると、

$$N = KAC_f = kA(C_0 - C_f)$$

ここに、k は境膜物質移動移動係数 [m·s^{-1}] である。気体濃度 $C_0 = 10$ mol·m^{-3} のメタンを含む気体をこの平板触媒で燃焼するとき、$k = 10$ m·s^{-1}、$K = 100$ m·s^{-1} のときと、$k = 100$ m·s^{-1}、$K = 10$ m·s^{-1} のとき C_f はいくらになるか。

解説

（1） $k = 10$ m·s^{-1}、$K = 100$ m·s^{-1} のとき
  $(100)AC_f = 10A(10 - C_f)$ より、$C_f = 0.909$ mol·m^{-3}
（2） $k = 100$ m·s^{-1}、$K = 10$ m·s^{-1} のとき
  $(10)AC_f = 100A(10 - C_f)$ より、$C_f = 9.09$ mol·m^{-3}

（1）の場合は境膜物質移動係数が小さいので、触媒上の濃度（0.909 mol·m^{-3}）が低く反応が制限されるので、メタンを含む気体の流速を大きくすれば反応速度が大きくなる。一方（2）の場合は触媒上の濃度（9.09 mol·m^{-3}）は気体濃度（10 mol·m^{-3}）とほぼ等しい値であるので、これ以上気体の流速を上げて物質移動係数を増大しても効果的ではなく、例えば反応の温度を上げて反応速度定数を上げるのが効果的である。このように全体の反応速度が物質移動過程で制限されるときに物質移動が律速であるといい、反応過程で制限されるときに反応が律速であるという。

第3章

単位操作

　日常生活では掃除をし、洗濯をし、食事を作ることをあたり前のように行っていますが、この日常生活の作業がそのまま化学工場や食品工場で行われています。例えば掃除はかたい言葉で説明すれば、「微細な固体粒子を空気から分離して回収する」ということを表し、化学工学では『集塵』とよばれています。私たちは掃除機を使いますが、同じ原理で集塵する装置が多くの工場で使われています。インスタントラーメンは、原料である小麦を「粉砕」「分離」「混合」「成形」「乾燥」などの多くの作業（単位操作）を組み合わせて作っています。

　この章では、『モノづくり』の原点であるこれらの作業の原理について考えてみましょう。化学工学という名の学問ですが、物理と化学の知識を組み合わせながら考えることが大切です。

固体・液体・気体

　物質は固体・液体・気体の3つの状態をとる。固体状態では物質を構成している分子間の距離が短く、分子間の束縛力が強い。構成している分子が規則正しく配列している場合は**結晶**と呼ばれるが、配列が乱れている場合は**非晶質**と呼ばれる。例えば、シリカ（SiO_2）を主成分とするガラスは非晶質であり、水晶は結晶である。液体は固体状態に比べて分子間の距離が長くなり、分子は大きく移動することができるので、液体は流動性を持つ。さらに分子間距離が広がると、分子が空間を自由に運動する気体となる。

　水は固体（氷）、液体（水）、気体（水蒸気）の3つの状態をとる。水の状態変化をみるには「状態図」が役立つ。水の状態図とは、温度と圧力を変化させたときに、3つの状態がどのように変化するかを示したグラフ（図3-1）である。

　1気圧（101.3 kPa）で氷（固体）の温度を上げていくと0℃（**融点**）で液体となり、さらに温度を上げて100℃（**沸点**）になると沸騰が始まり、水蒸気となる。水の沸点は圧力が高いほど高くなる。図中のT点（温度0.01℃、圧力0.06気圧）は水の三重点と呼ばれ、ここでは氷、水、水蒸

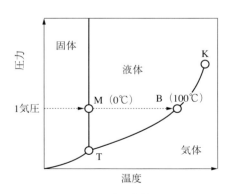

図3-1　水の状態図

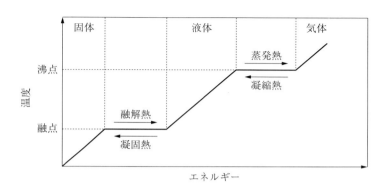

図 3-2　状態変化

気が共存する。温度、圧力をともに上げて、図中のK点（374℃、218気圧）以上になると、液体と気体の水は互いに区別できなくなる。この点を水の**臨界点**といい、その温度、圧力をそれぞれ臨界温度、臨界圧力という。

臨界点を越えた状態の流体を**超臨界流体**と呼び、二酸化炭素や水が超臨界流体としてよく利用されている。超臨界流体は溶解性に優れるという液体の性質と拡散性に優れるという気体の性質を併せ持ち、さらに温度や圧力を変化させれば、密度、溶解性、拡散性の制御が容易であるなどの特徴を持つ。超臨界流体は有機溶媒にかわって乾燥、抽出や化学反応場として利用されるので、環境にやさしい技術として注目されている。

固体が液体に状態変化（融解）するときは、熱エネルギーを加えることで分子の配列がくずれて分子が自由に運動する液体状態になるが、状態変化している間は図 3-2 に示すように温度は変化しない。このときに外部から加える熱エネルギーを**融解熱**と呼ぶ。液体が気体になるときには外部から**蒸発熱**が必要である。逆に気体から液体になるときには**凝縮熱**を、液体から固体になるときには**凝固熱**を外部に放出する。

蒸気圧

　香水が心地よく香る。鼻という優れたセンサは常温で香料が液体分子から気体分子となる現象を確実にとらえている。このように常温で液体が気体になることを蒸発（揮発あるいは気化）という。図3-3に示すように密閉した容器の中に液体物質（水、アルコールなど）を入れると、液の一部は蒸発する。気相で物質が一定の分圧（濃度）になると、液相から気相への蒸発速度と、逆に気相から液相への凝縮速度とが等しくなり、平衡に達する。このときの気相での分圧を飽和蒸気圧あるいは単に**蒸気圧**と呼ぶ。

　図3-4に水、エタノールおよびジエチルエーテルの蒸気圧曲線を示す。大気中ではおよそ1気圧で液体表面が押されているが、蒸気圧が液体内部の圧力（1気圧＝101.3 kPa）となったところで**沸騰**が始まる。図3-4から判断すると、水の沸点は100℃であり、エタノールの沸点は80℃より低い温度（実際は78.3℃）である。

図3-3　気液平衡

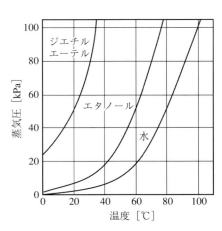

図3-4　蒸気圧曲線

蒸気圧　83

　富士山頂の気圧が 0.7 気圧のとき、富士山頂では水は何℃で沸騰するか。

気圧を Pa に換算すると 101.3×0.7＝70.91 kPa なので、図 3-4 の水の蒸気圧曲線より、約 88℃ で沸騰する。

　温度と蒸気圧の関係式として次の Antoine の式が有名である。

$$\log_{10} P_s = A - B/(C + T)$$

P_s は蒸気圧［mmHg］、T は温度［℃］である。A、B、C は物質によって異なる定数である。これらについては、多くの物質についてのデータが測定され、公表されている。エタノールについては、$A=8.21337$、$B=1652.05$、$C=231.48$ である。100℃ におけるエタノールの蒸気圧を計算せよ。ただし、760 mmHg＝1.0×10^5 Pa とする。

Antoine の式で $T = 100$ とすると、$\log_{10} P_s = 3.2295$ となる。したがって、

$$P_s = 10^{3.2295} = 1696 \text{ mmHg} = 2.2 \times 10^5 \text{Pa}$$

蒸留による変化

エタノールと水の混合液を蒸発させると、図3-4に示すようにエタノールの蒸気圧が高いので、発生した蒸気を凝縮するとエタノールの濃度が高くなる。このように蒸気圧の差を利用した分離方法を**蒸留**と呼ぶ。蒸留は古代からあるもっとも簡単な分離方法であり、醗酵により得られたアルコール水溶液から蒸留酒が作られる（図3-5）。

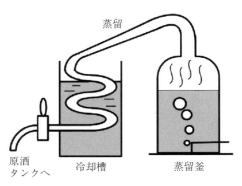

図 3-5　蒸留酒造り

エタノール（低沸点成分）と水（高沸点成分）の気液平衡関係は、構成成分、温度、圧力によって異なる。

図3-6は圧力が101.3 kPaで一定であるとしたときのエタノールと水の気液平衡の相図である。横軸はエタノール（低沸点成分）の液相組成 x_1 と気相組成 y_1 を示す。2成分系なので水の液相組成は $1-x_1$ で気相組成は $1-y_1$ となる。エタノールをモル比で20%含む水を室温から、破線に沿って温度を上げていくと**液相線**（x_1 と温度との平衡関係を示す）と呼ばれる線上B点に達する。液相線は液体が沸騰し始める温度である。さらに温度を上げると2相が共存した状態から**気相線**（y_1 と温度との平衡関係を示す）と呼ばれる蒸気が凝縮し始める温度の点Cに達し、それ以上の温度ではエタノール、水ともに気体となる。B点（約356 K）で発生し

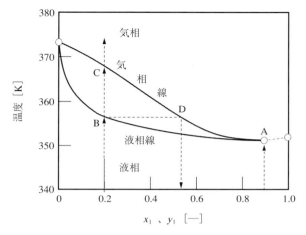

図 3-6　温度と組成図（水—エタノール系）

た気体の組成 y_1 は同じ温度上の D 点で示されるので、その値はおよそ 0.55 となり、元のエタノール水溶液（モル濃度 20%）から 356 K で蒸発した気体を冷却するとエタノールのモル濃度が 55% まで増大する（ただし、356 K は気化が始まる温度なので蒸発量が少ないために、実際にはもう少し高い温度で操作する必要がある）。この液体を繰り返し蒸留すれば濃度がだんだん高くなる。

　液組成が A 地点で示される x_1 = 0.894 に達すると、沸点が 351.3 K となり、エタノール単独の沸点 354.15 K より低くなる。この点では蒸気になってもこれ以上組成が変化しない。A 点を**共沸点**と呼び、このような組成の混合物を**共沸混合物**と呼ぶ。したがってエタノールを蒸留しても x_1 = 0.894 以上濃縮することはできない。そこで、さらに高純度のエタノールを得るために工業的にはエタノールと水の混合液にベンゼンを加えて蒸留する。蒸留塔で 3 成分共沸状態にして、塔底から高純度のエタノールを回収する。この方法では、ベンゼンが微量混入するために工業用の用途に限られる。実験室規模で少量の高純度エタノールが欲しい場合には、モレキュラシーブなどの吸着剤を加えて脱水を行う。

 理想溶液では、ある温度の溶液に含まれる溶媒の蒸気圧 p [Pa] は同じ温度の純溶媒の蒸気圧 P^0 [Pa] と溶媒のモル分率 x との積に等しい（ラウールの法則）。この場合、2成分からなる溶液では低沸点成分の気相組成 y_1 と液相組成 x_1 の関係を示せ。

ラウールの法則を式に書き直すと、

$$p_1 = x_1 P_1^0$$

気相の全圧を P とすると、ドルトンの分圧の法則より、蒸発した成分の分圧（溶媒の蒸気圧）p_1 は P と y_1 との積となるので、

$$p_1 = y_1 P$$

上記の2式より、$y_1 = x_1 P_1^0 / P$ となる。

このとき、y_1/x_1 は気液平衡比と呼び、$\alpha_{12} = (y_1/x_1)/(y_2/x_2)$ は相対揮発度と呼ぶ。α_{12} は P_1^0/P_2^0 となり、物性表から求めることができる。α_{12} を用いると y_1 は、

$$y_1 = (\alpha_{12} x_1) / [(\alpha_{12} - 1) x_1 + 1]$$

となる。

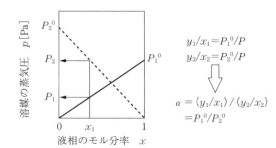

 エタノールを 10 mol%含むお酒がある。これを 40℃に暖めたときに生じる蒸気に含まれる水と エタノールの割合を求めよ。ただし、ラウールの 法則が成り立っていると考えてよい。また、40℃ における水とエタノールの蒸気圧をそれぞれ、7.4 kPa、17.9 kPa とせよ。

エタノールが 10 mol%、水が 90 mol%であるから、ラウールの法則を使うと、

蒸気中の水の分圧　　　　　　$7.4 \times 0.9 = 6.7$ kPa

蒸気中のエタノールの分圧は　$17.9 \times 0.1 = 1.79$ kPa

である、したがって分圧の比はモル比と等しいので、蒸気中のモル比は、エタノール：水 $= 1.79 : 6.7 = 0.26 : 1$ となる。もともとのお酒のモル比は、エタノール：水 $= 0.1 : 0.9 = 0.11 : 1$ であった。これに対して、蒸気中では水に対するアルコール量が増えている。すなわち、お燗したお酒から出る蒸気にはアルコールが濃縮されているといえる。

連続蒸留が支える社会

　日本を代表する蒸留酒は焼酎であり、さつま芋、大麦、米、そばを原料とした乙類焼酎と、糖蜜を原料とした甲類焼酎がある。甲類焼酎は**連続蒸留器**で蒸留操作を繰り返すことで高純度（重量濃度で96%）アルコールを取り出し、これに水を加えてアルコール度数を36%未満にしたものである。くせがないので酎ハイ、カクテルとして味わう。一方、乙類焼酎の蒸留は単蒸留器で行われ、そのアルコール度数は45%以下である。アルコール以外の香味成分も抽出されるので、独特の風味や味わいとなる。

　気液平衡を利用した蒸留分離はお酒のアルコール度を上げるだけではなく、エネルギー分野では図3-7に示すように原油を蒸留して、ガソリン、ナフサ、灯油、軽油、重油などに分けている。加熱炉で350℃に熱した原油の蒸気は、高さ50 mもある常圧蒸留塔の内部を上昇し、塔頂では冷却により凝縮して液となり、図3-8に示すように各段で下降する液体と上昇する蒸気がほぼ平衡組成になり、塔頂部へ行くほど低密度で低沸点な軽質分が、下部へ行くほど高密度で高沸点な重質分が得られる。塔上部ではガス成分で

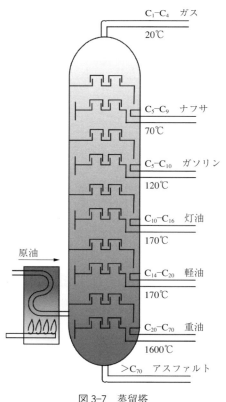

図3-7　蒸留塔

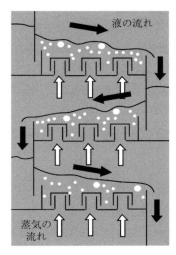

図 3-8 蒸留塔内の気液接触

あるメタン（CH_4）は都市ガスとして、プロパン（C_3H_8）とブタン（C_4H_{10}）は液化石油ガス（LPG）として家庭用の燃料に利用され、ナフサはプラスチック、化学繊維、ゴム、界面活性剤などの石油化学製品の原料となる。ガソリン、軽油は自動車用燃料、灯油分は家庭用とともにジェット燃料としても使用されている。重油は火力発電所で使用され、アスファルトは道路の舗装に利用されている。

常圧蒸留塔で分離したガソリンや灯油などの留分には硫黄分が含まれているので、そのまま燃焼すると硫黄酸化物（SO_x）となり、大気汚染や酸性雨などの原因の一つとなる。そこで、これらの留分は触媒存在下、水素を導入して水素化脱硫を行い、ガソリン、灯油、軽油などにする。重油成分は減圧蒸留塔で分離、脱硫した後、流動接触分解装置で処理して需要の多いガソリンにする。

 ベンゼン 40 mol%、トルエン 60 mol%の原料を液体として流量 120 kmol/h で連続蒸留塔に供給し、塔頂部よりベンゼンを 95 mol%の純度で 90% 以上回収したい。塔頂部と塔底部から回収される液流量はいくらか。また、塔底部のベンゼン濃度はいくらになるか。

原料、塔頂部および塔底部の液流量をそれぞれ F [kmol/h]、D [kmol/h] および W [kmol/h] とし、ベンゼンの液組成をそれぞれ x_F、x_D および x_W とする。原料中に含まれるベンゼンの 90% を塔頂部から回収するので、$F = 120$ kmol/h、$x_F = 0.4$、$x_D = 0.95$ より、

$$Dx_D / Fx_F = D(0.95)/(120)(0.4) = 0.90$$

より、$D = 45.47$ kmol/h、$W = 100 - 45.47 = 54.53$ kmol/h

塔頂部の流量　45.47 kmol/h、塔底部の流量　54.53 kmol/h

ベンゼンの物質収支をとると、

$$Fx_F = Dx_D + Wx_W$$

$$(120)(0.4) = (45.47)(0.95) + (54.53)x_W$$

より、

$$x_W = 0.088$$

塔底部のベンゼン濃度は 8.8 mol%

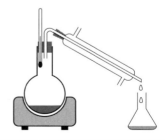

蒸留塔設計の基礎

図 3-7 に示す蒸留塔の設計では、段数をいくつにするかが重要な問題である。段の数を多くすると製品の純度を高くすることができるが、装置の値段も高くなってしまう。ここでは、希望の純度の製品を得るために必要な段数の計算法の基礎を説明する。図 3-9 に蒸留で一般に使われる装置の概要を改めて示す。

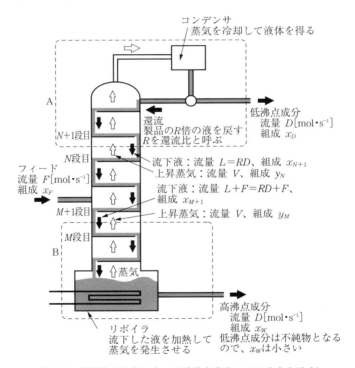

図 3-9　蒸留塔（組成はすべて低沸点成分のモル分率を示す）

混合物は、蒸留塔の中ほどに供給される。蒸留塔の下部には、リボイラと呼ばれる装置があり、蒸留塔下部に溜まった液体の一部を蒸発させて蒸気を発生させている。ここで発生した蒸気は蒸留塔の上部へと移動する。

リボイラを出た液体は高沸点成分が濃縮されており、製品として取り出される。

蒸留塔の上部に上がってきた蒸気はコンデンサと呼ばれる冷却装置に送られる。ここで、蒸気が凝縮し低沸点成分を多く含む液体が得られ、製品として取り出される。コンデンサで得られた液体の一部は、蒸留塔の上部に戻される。これを還流という。製品の量に対する還流の量は還流比と呼ばれる。

各段で生じている現象を図3-10で説明する。段の役割は、上の段から落ちてくる液相と、下の段から上がってくる蒸気を接触させることである。段は多数の孔を持つ一枚の板であり、蒸気はこの孔から液相中へと噴出し、その後段の上へと移動する。蒸気が液相中を通る間に、気液平衡が成立する。ここで、蒸気に含まれる高沸点成分が液相に移動し、下に向かう。一方、液相に含まれる低沸点成分が気相に移動して、上方に向かうようになる。これが蒸留塔の動作原理である。

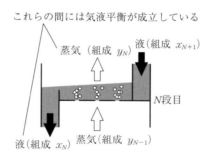

図 3-10　蒸留塔の一段の様子

なお、段にはさまざまな種類があり、気液接触を効率よく行うための工夫が施してある。図3-10は多数の孔をもつ板で多孔板と呼ばれる。一方、図3-8は泡が液体中をより広く分散するように工夫されたもので、泡鐘（ほうしょう）と呼ばれる。

水とアルコールの混合物のような2成分混合物を分離する蒸留装置の設計について述べる。図3-9において、リボイラは段ではないが、液と蒸気の間に気液平衡が成立しているので、これを第一段と呼ぶことにし、その

上の段を順に第二段、第三段と呼ぶことにする。N 段目を出る液相と蒸気の低沸点成分モル分率を x_N、y_N とする。蒸留装置に供給される混合物（フィード）は沸点の液であるとし、フィード、低沸点製品、高沸点製品の流量をそれぞれ、$F\,[\mathrm{mol \cdot s^{-1}}]$、$D\,[\mathrm{mol \cdot s^{-1}}]$、$W\,[\mathrm{mol \cdot s^{-1}}]$ とし、これらの低沸点成分のモル分率をそれぞれ x_F、x_D、x_W とする。

このとき物質収支から、次の 2 式が成立する。

$$Fx_F = Dx_D + Wx_W \tag{3-1}$$

$$F = D + W \tag{3-2}$$

ここで、図 3-9 の A で示された点線で囲まれた部分について、低沸点成分の物質収支をとると次のようになる。

$$Vy_N = Lx_{N+1} + Dx_D \tag{3-3}$$

ここで、還流比を $R\,[-]$ とすると、還流によって塔に戻されて流下する液量 $L\,[\mathrm{mol \cdot s^{-1}}]$ は $RD\,[\mathrm{mol \cdot s^{-1}}]$ となる。また、全物質量の収支から、

$$V = L + D = RD + D \tag{3-4}$$

が成立する。これらを利用すると、（3-3）式は、

$$y_N = \frac{R}{R+1} x_{N+1} + \frac{x_D}{R+1} \tag{3-5}$$

となる。これがフィード点より上で成立する物質収支式である。一方で、B の点線で囲まれた部分について、低沸点成分の収支を取ると、

$$L'x_{M+1} = V'y_M + Wx_W \tag{3-6}$$

となる。フィードより下の部分を流下する液は、フィードと塔頂から流下する液にフィードが合流したものであるから、

$$L' = F + L = F + RD \tag{3-7}$$

また、蒸気量が塔底から塔頂までほぼ同じと仮定すると、V' は V に等しい。（3-6）式、（3-7）式を使うと次の式が得られる。

$$y_M = \frac{L+F}{V} x_{M+1} - \frac{W}{V} x_W \tag{3-8}$$

となる。これがフィード点より下の部分の収支を表す式である。

物質収支を示す（3-5）式と（3-8）式を表す線を気液平衡線図上に描いてみる。気液平衡線図にはさまざまな種類があるが、ここで用いるのは平

衡状態における気相と液相の低沸成点分のモル分率の関係を表したもので **x–y** 線図とも呼ばれる。x–y 線図は様々な便覧やデータ集を参考にして描くことができる。

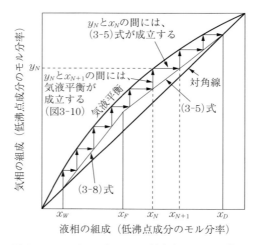

図3-11 マッケーブ・シール法を記した x–y 線図

N 段目を出る蒸気と液の組成が平衡状態にあるので、気液平衡を表す線から y_N と x_N の関係を知ることができる。一方、(3-5) 式と (3-8) 式の線は、y_N と x_{N+1} の関係を表している。以上の関係を利用すると、図3-11 に示すように気液平衡の線と操作線との間に階段状の作図をすることで、すべての段の組成を芋づる式に求めることができる。これをマッケーブ・シール法と呼ぶ。このとき、階段の総数は蒸留に必要な段の数を表しており、また、2つの操作線の交点をまたぐ段にフィードを供給すると良いことを表している。この例では、塔底を表す左下の点から、塔頂を現す右上の点まで8段あるので、塔全体で必要な段の数は8である。また、2つの操作線の交点は4番目の階段なので、フィードは下から4段目に供給すればよいことが分かる。

以上の設計手順の要点を次の例題に示す。

蒸留塔設計の基礎

水とメタノールの混合物がある。メタノールのモル分率は 0.5 であった。この混合物を 95 mol%のメタノールと 95 mol%の水に分離する連続蒸留装置に必要な段数を求めよ。還流比は 1.0 とし、またフィードは沸点の液とする。

　水よりもメタノールのほうが沸点が低いので、この場合の低沸点成分はメタノールとなる。塔頂からは低沸点成分のメタノールが、塔底からは高沸点成分の水が得られる。塔頂の低沸点成分のモル分率 x_D は 0.95、また塔底の低沸点成分のモル分率 x_W は 0.05 となる。

　さて、データ集を参考にして、メタノールと水の x–y 線図を描き次の手順に従って作図を行う。

① 還流比が 1.0 の場合、(3-5) 式は、次のようになる。
$$y_N = \frac{R}{R+1} x_{N+1} + \frac{x_D}{R+1} = 0.5\,x + 0.475$$

これを x–y 線図の中に描く。

② ①で描いた線と $x = x_F$ との交点を出す。

③ ②の交点と $(x_W, x_W) = (0.05, 0.05)$ の点を直線で結ぶ。こうすることで、(3-8) 式が示す直線を描くことができる。

④ 階段作図を行う。

　ここで描かれた階段を数えると、全部で 7 段が必要で、フィードは下から 3 段目に供給するとよいことが分かる。

　なお、蒸留操作では、リボイラを加熱するためのエネルギーと、コンデンサを冷却するためのエネルギーが必要である。リボイラで発生させるべき蒸気量は、$V' = L' - W = L + F - W = RD + F - W$ [mol·s^{-1}] であるので、これに高沸点成分の蒸発潜熱をかけると所要熱量の概算値が求まる。また、コンデンサで凝縮させる蒸気の量は、$D(1$

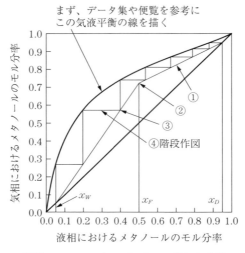

例題 3-6 のマッケーブ・シール法による解

$+R$）であるので、これに低沸点成分の蒸発潜熱をかけると、コンデンサで取り除く熱量の概算値を求めることができる。一般に還流比を大きくすると段数は少なくてすむが、蒸留に必要なエネルギーは増大する。

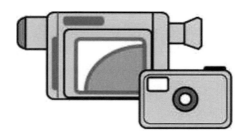

 マッケーブ・シール法で利用する 2 つの操作線が、$x = x_F$ で交わることを確かめよ。

2 つの操作線は、(3-3) 式と (3-6) 式から導出されているので、それぞれ次の式で表される。

$$Vy = Lx + Dx_D$$
$$(L+F)x = Vy + Wx_W$$

両辺を加えると、

$$Lx + Fx + Vy = Lx + Dx_D + Vy + Wx_W$$
$$\therefore \quad Fx = Dx_D + Wx_W$$

ここで、(3-1) 式から右辺は Fx_F に等しい。したがって、$x = x_F$ である。

なお、2 つの操作線が $x = x_F$ で交わるのはフィードが沸点の液である場合だけである。フィードに蒸気が含まれている場合には $x = x_F$ 以外の点で交わる。

気体の溶解

熱帯魚を飼うには水槽とエアポンプは必需品である。エアポンプで送られた空気は、フィルターを通して小さな気泡となって水槽内を上昇する。この間に気泡中の酸素分子と窒素分子は水に**溶解**する。熱帯魚は呼吸によって酸素を消費し、二酸化炭素を出す。したがって水中の二酸化炭素は逆に気泡へと移動する。これらの現象は濃度勾配にしたがって移動する**拡散**が大きくかかわっている。

固体の溶解度は溶媒 100 g に溶ける溶質の質量を g 単位で表すが、気体の溶解度は溶媒 1 cm³ に溶ける気体の体積を**標準状態**（0℃、101.3 kPa）に換算した体積 [cm³] で表す。表 3-1 は酸素と二酸化炭素の溶解度を示している。水温が上昇するにつれて、酸素や二酸化炭素の溶解度が低くなっている。このことは日常生活で経験できる。ガラス容器の中に水を入れ、下から暖めると容器の側壁にやがて気泡が発生する。これは、水温が上昇し、溶解度が低下したために過飽和になった気体が側壁に気泡を形成したものと考えることができる。水に溶けている気体を追い出したいときは、水を加熱すればよい。

気体が混合物であるときにはガスの溶解度は、混合気体の全圧には無関係で混合気体中に溶解する気体の分圧だけできまる。混合ガスの中で吸収される気体の分圧が低い場合や、溶解度が低い場合には、気体分子 A の

表 3-1 酸素と二酸化炭素の水に対する溶解度 [cm³/cm³]

温度 [℃]	0	20	40	60	80	100
酸素の溶解度 [－]	0.049	0.031	0.023	0.019	0.018	0.017
二酸化炭素の溶解度 [－]	1.71	0.88	0.53	0.36	—	—

液体中の濃度 C_A[mol·m^{-3}] はその分圧 p_A[Pa] に比例する。

$$p_A = HC_A \tag{3-9}$$

この関係をヘンリーの法則といい、H[Pa·m^3·mol^{-1}] をヘンリー定数と呼ぶ。

液体中の A 成分の濃度としてモル分率 x_A で表すと、(3-9) 式は $p_A = Kx_A$ で表され、気体中の A 成分の濃度としてモル分率 y_A で表すと、$y_A = mx_A$ と表される。ここで K[Pa]、m[-] はヘンリー定数であり、H、K および m の間には以下の関係がある。

$$m = K/(全圧) = (吸収液のモル密度)/(全圧) \times H \tag{3-10}$$

魚が水中で生存するための必要酸素量は 0.16 mol·m^{-3} である。表 3-2 より 20℃ の酸素のヘンリー定数は $73,200$ Pa·m^3·mol^{-1} であるから、必要酸素量を維持するための大気中の酸素分圧は (3-9) 式より、$p_A = HC_A = (73,200)(0.16) = 11,712$ Pa となり、空気中の酸素の分圧が $0.21 \times 101,300 = 21,273$ Pa なので、普通の条件では酸素の必要濃度は確保されている。

表 3-2　水に対するガスのヘンリー定数 H[Pa·m^3·mol^{-1}]$\times 10^5$

気　体	温　度「℃」						
	0	10	20	25	30	40	50
H$_2$	1.06	1.16	1.25	1.29	1.33	1.38	1.41
N$_2$	0.965	1.22	1.48	1.58	1.69	1.91	2.09
Air	0.789	1.00	1.21	1.32	1.41	1.60	1.75
O$_2$	0.465	0.596	0.732	0.802	0.870	0.983	1.09
CH$_4$	0.409	0.542	0.687	0.755	0.823	0.956	1.07
CO$_2$	0.0133	0.0189	0.0260	0.0300	0.0334	0.0428	0.0523

 分圧 2 kPa の二酸化炭素が含まれている気体 (20℃、1 気圧) と水が接しており、ヘンリーの法則が成り立つとすると水中の二酸化炭素のモル濃度はいくらになるか。また、このとき水 1 m³ には気体の体積で何 m³ の二酸化炭素が溶解しているか。なお、ヘンリー定数は 2600 Pa·m³·mol⁻¹、水の密度は 1000 kg·m⁻³ とする。

(3-9) 式より、

$$C = p/H = (2000)/(2600)$$
$$= 0.769 \text{ mol·m}^{-3}$$

気体の状態方程式より、

$$V = nRT/P$$

なので、0.769 mol に相当する体積は、

$$V = nRT/P = (0.769)(8.314)(293)/(101,300) = 0.0185 \text{ m}^3$$

となり、1 m³ に 0.0185 m³ の二酸化炭素が溶解する。

1 m³ の水の質量は密度より 1000 kg、二酸化炭素の分子量 44 より、1 mol は 0.044 kg に相当するので、水に対して溶解している二酸化炭素の質量比は、

$$(0.77)(0.044)/(10^3) = 3.4 \times 10^{-5}$$

水に対して質量比として 0.0034 wt% の二酸化炭素が溶解している。

ガス吸収

　工業的な操作であるガス吸収では、気体中の可溶成分を吸収液に溶解させ有害成分の除去や不純物除去することで、気体の精製に使われる。石油や石炭には硫黄化合物が含まれており、燃焼した際には硫黄酸化物（SO_x）を生じる。さらに燃料を高温で燃焼した場合には、空気中の窒素と酸素が反応して窒素酸化物（NO_x）が生じる。大気中に放出された硫黄酸化物や窒素酸化物は空気中で酸化された後、大気中の水と反応して硫酸や硝酸などの酸性物質となり、これが雨粒に溶けると酸性雨となる。燃焼排ガスに含まれる窒素酸化物は主に吸着剤で吸着した後、触媒還元することで除去し、硫黄酸化物はガス吸収によって除去される。

　ガス吸収装置では、気体と液体が接触する面積が大きくなるように工夫されている。図3-12に示すように液体容器の底からガスを分散させ、気泡として上昇する装置を**気泡塔**と呼ぶ。気泡塔について反応容器の体積当たりの気液接触面積 $a\,[\mathrm{m^2/m^3}]$ を求める。吸収装置の容積を $V_A\,[\mathrm{m^3}]$、液体中に含まれる気泡の全体積を $V_B\,[\mathrm{m^3}]$、気泡が球状であるとして、その直径を $d_B\,[\mathrm{m}]$ とすると、

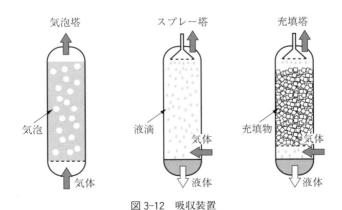

図3-12　吸収装置

102 第3章 単位操作

$$1 \text{個の気泡の体積} = (4/3) \pi (d_B/2)^3 = (\pi/6) d_B^3 \tag{3-11}$$

$$1 \text{個の気泡の表面積} = 4 \pi (d_B/2)^2 = \pi d_B^2 \tag{3-12}$$

気泡の個数 n は、

$$n = \text{気泡の全体積}/1 \text{個の気泡の体積}$$

$$= V_B/(\pi/6) d_B^3 = 6 V_B/\pi d_B^3 \tag{3-13}$$

したがって、反応容器の体積当たりの気液接触面積 a は、

$$a = (n \times 1 \text{個の気泡の表面積})/V_A$$

$$= (6 V_B/\pi d_B^3)(\pi d_B^2)/V_A$$

$$= (6/d_B)(V_B/V_A) \tag{3-14}$$

気泡塔の容積に対する全気体体積の比 (V_B/V_A) をホールドアップ ε_G で表すと、a は、

$$a = 6 \varepsilon_G/d_B \tag{3-15}$$

　この式より、反応容器の体積当たりの気液接触面積 a を大きくするには、気泡を小さくすることが有効であることがわかる。たとえば、気泡のホールドアップが 0.5 の気泡塔で、気液接触面積を $1000 \text{ m}^2/\text{m}^3$ にするためには（3-15）式より $d_B = 6 \varepsilon_G/a = 0.003 \text{ m}$ であるから、気泡径を 3 mm にすればよい。

　気泡塔では液体の中に気泡が分散しているので、液体を連続相、気体を分散相と呼ぶことがある。その他の気液接触装置としては、気体を連続相として微細な液を滴下するスプレー塔はシャワーを連想していただければよい。それ以外に固体粒子を充填して上部より液体を流し、下部より気体を流す充填塔や図 3-7 の蒸留塔として発達してきた棚段塔などがある。

界面を横切る分子の移動

気体と液体が界面で接触するとき、気相側と液相側に図 3-13 に示すように、それぞれガス境膜、液境膜が存在する場合に、被吸収ガスはこの境膜を通って液本体中に拡散する。ガス成分 A がガス境膜を通る速度と液境膜を通る速度は等しいので、(2-42) 式より、ガス分子の流束 J_A を液相は液濃度 C [mol·m^{-3}] で、気相は分圧 p [Pa] で表すと、

$$J_A = k_G (p_{AG} - p_{Ai}) = k_L (C_{Ai} - C_{AL}) \tag{3-16}$$

ここに、$k_G (= D_{AG}/RT\delta_G)$ をガス境膜物質移動係数 [mol·m^{-2}·s^{-1}·Pa^{-1}]、$k_L (= D_{AL}/\delta_L)$ を液境膜物質移動係数 [m·s^{-1}] と呼ぶ。

界面における分圧 p_{Ai} と液濃度 C_{Ai} は測定することができない値であるので、(3-16) 式は実用的でない。p_{Ai} と C_{Ai} との間にヘンリー法則が成り立つとすると、$p_{Ai} = HC_{Ai}$ となる。また、ガス本体における分圧 p_{AG} をヘンリーの法則を用いて換算した液濃度を $C_A{}^*$、液本体の濃度 C_{AL} をヘンリーの法則を用いて換算した分圧を $p_A{}^*$ とすると、

$$p_{Ai} = HC_{Ai} \qquad p_{AG} = HC_A{}^* \qquad p_A{}^* = HC_{AL} \tag{3-17}$$

(3-17) 式を用いて (3-16) 式から p_{Ai} と C_{Ai} を用いない式を作る。

$$J_A = k_G (p_{AG} - p_{Ai}) = k_G (HC_A{}^* - HC_{Ai}) = k_G H (C_A{}^* - C_{Ai}) \tag{3-18}$$

$$J_A / k_G H = C_A{}^* - C_{Ai} \tag{3-19}$$

$$J_A / k_L = C_{Ai} - C_{AL} \tag{3-20}$$

(3-19) 式と (3-20) 式の左辺の和と右辺の和は等しいので、

$$J_A (1/(k_G H) + 1/k_L) = C_A{}^* - C_{AL} \tag{3-21}$$

$$J_A = 1/(1/(k_G H) + 1/k_L) (C_A{}^* - C_{AL}) \tag{3-22}$$

(3-22) 式は、境膜物質移動係数の k_G と k_L は実験条件を決めれば、実験式を用いて推定することができ、ガス本体の分圧、ヘンリー定数、液本

体濃度を用いて $C_A{}^*$ と C_{AL} が決まるので J_A を決定することができる。係数である $1/(1/(k_G H) + 1/k_L)$ は**液境膜基準総括物質移動係数** K_L と呼ばれる。したがって、

$$\frac{1}{K_L} = \frac{1}{k_G H} + \frac{1}{k_L} \tag{3-23}$$

同様にして、

$$J_A = K_G(p_{AG} - p_A{}^*) \tag{3-24}$$

$$\frac{1}{K_G} = \frac{1}{k_G} + \frac{H}{k_L} \tag{3-25}$$

K_G はガス境膜基準総括物質移動係数と呼ばれる。

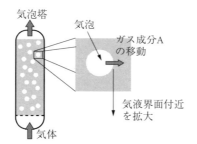

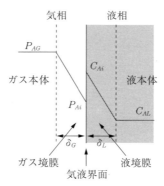

図 3-13　気液界面近傍の濃度分布

 水を吸収液として排ガス中の CO_2 を吸収除去する装置の k_G と k_L はそれぞれ、$k_G = 3 \times 10^{-6}$ mol·m^{-2}·s^{-1}·Pa^{-1}、$k_L = 10^{-3}$ m·s^{-1} である。25℃の排ガス中の CO_2 の拡散係数を 1.5×10^{-5} m^2·s^{-1}、水中の CO_2 の拡散係数を 1.8×10^{-9} m^2·s^{-1} とすると、ガス境膜および液境膜の厚さはいくらか。

$k_G = D_{AG}/RT\delta_G$ より、

$$\delta_G = D_{AG}/RTk_G$$
$$= (1.5 \times 10^{-5})/((8.314)(298)(3 \times 10^{-6})) = 0.002 \text{ m}$$

$k_L = D_{AL}/\delta_L$ より、

$$\delta_L = D_{AL}/k_L = (1.8 \times 10^{-9})/(10^{-3}) = 1.8 \times 10^{-6} \text{ m}$$

吸収液が NaOH 水溶液の場合には、NaOH は吸収した二酸化炭素と反応して塩を生成する。

$$CO_2 + 2\,NaOH \rightarrow Na_2CO_3 + H_2O$$

液体中に気体が溶解する単純な物理吸収に対して、化学反応を伴う吸収操作を反応吸収とよぶ。反応吸収では液相内の被吸収ガスの濃度が低減するので、反応吸収の吸収速度は物理吸収に比べて増大する。

例題 3-9 で全圧が 101.3 kPa のとき、総括物質移動係数 K_G と K_L の値はいくらになるか。CO_2 と水の平衡関係は $p_A = 300\, C_A$ とし、p_A の単位は [Pa]、C_A の単位は [mol·m⁻³] である。

(3-23) 式より、

$$1/K_L = 1/Hk_G + 1/k_L$$

$$= 1/((300)(3\times 10^{-6})) + 1/(10^{-3}) = 2111.11$$

液境膜基準総括物質移動係数 $K_L = 4.74 \times 10^{-4}$ m·s⁻¹

(3-25) 式より、

$$1/K_G = 1/k_G + H/k_L$$

$$= 1/(3\times 10^{-6}) + (300)/(10^{-3}) = 633{,}333.33$$

ガス境膜基準総括物質移動係数 $K_G = 1.58 \times 10^{-6}$ mol·m⁻²·s⁻¹·Pa⁻¹

液側境膜物質移動係数 k_L が 10^{-1} m·s⁻¹ とすると、$Hk_G = (300)(3\times 10^{-6}) = 9\times 10^{-4} \ll k_L = 10^{-1}$ となり、このとき液境膜基準総括物質移動係数 K_G を計算すると 2.97×10^{-6} mol·m⁻²·s⁻¹·Pa⁻¹ となり、液側境膜物質移動係数 k_G と差がない。このように吸収の物質移動速度が、液側だけの物質移動速度で決まる場合には、液側境膜が律速であるという。種々の吸収装置から決定された物質移動係数の値とヘンリー定数を用い Hk_G と k_L を比較すれば、どちらが律速であるかを判断することができる。

吸収塔のデザイン

　必要量のガスを吸収するための吸収塔の高さを決定する。図3-14に示すように吸収液を塔頂から、被吸収ガスを塔底から吹き込み塔内で気液接触する。被吸収ガスは塔を上昇すると吸収とともに体積が減少するので、被吸収ガスを含まないガスと吸収液のモル流量を塔断面積で割った値をそれぞれ $G\,[\mathrm{mol \cdot m^{-2} \cdot s^{-1}}]$ と $L\,[\mathrm{mol \cdot m^{-2} \cdot s^{-1}}]$ とする。気相の被吸収ガスのモル分率を y、液相の被吸収ガスのモル分率を x とすると、ある断面における断面積あたりの被吸収ガスの流量は、気相では $G(y/(1-y))$、液相では $L(x/(1-x))$ となる。したがって塔頂からある断面までにガスが吸収される量と液が吸収する量は等しいので、

$$G_i\left(\frac{y}{1-y} - \frac{y_2}{1-y_2}\right) = L_i\left(\frac{x}{1-x} - \frac{x_2}{1-x_2}\right) \tag{3-26}$$

被吸収ガスの気相、液相の濃度が薄い場合には $1 \gg y$、$1 \gg x$ より、

$$G(y - y_2) = L(x - x_2) \tag{3-27}$$

さらに、図3-15に示すように微小領域 dz では、

$$Gdy = Ldx \tag{3-28}$$

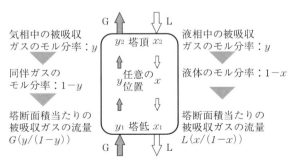

図3-14　吸収塔の物質収支

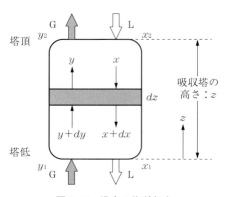

図 3-15 塔内の物質収支

となり、この値は断面積 S で高さ dz の部分における断面積当たりの吸収速度 $dN_A[\mathrm{mol \cdot m^{-2} \cdot s^{-1}}]$ に等しい。

dz の部分の体積 Sdz における気液接触面積は、体積当たりの気液接触面積を a とすると $aSdz$ となり、気液界面における被吸収ガスのモル分率を x_i、y_i とすると、

$$dN_A S = k_y aSdz\,(y - y_i) = k_x aSdz\,(x_i - x) \tag{3-29}$$

(3-23) 式、(3-25) 式と同様にモル分率で表したヘンリー定数 m を用いると、

$$\frac{1}{K_x} = \frac{1}{mk_y} + \frac{1}{k_x} \qquad \frac{1}{K_y} = \frac{1}{k_y} + \frac{m}{k_x} \tag{3-30}$$

となり、(3-29) 式は、

$$dN_A = k_y a dz\,(y - y_i) = k_x a dz\,(x_i - x)$$
$$= K_y a dz\,(y - y^*) = K_x a dz\,(x^* - x) \tag{3-31}$$

となる。(3-28) 式と (3-31) 式は等しいので、たとえば、K_y を用いる場合は、

$$dN_A = Gdy = K_y a dz\,(y - y^*) \tag{3-32}$$

より、

$$dz = (G/K_y a (y - y^*)) dy \tag{3-33}$$

が得られ、これを $z=0$、$y=y_2$、$z=Z$、$y=y_1$ の境界条件で積分すると、吸収塔の高さ Z が得られる。

$$Z = \frac{G}{K_y a} \int_{y_2}^{y_1} \frac{dy}{y - y^*} \tag{3-34}$$

ここに、$k_y a$、$k_x a$、$K_y a$、$K_x a$ は**物質移動容量係数**と呼ばれる。

(3-34) 式の積分は被吸収ガスのモル分率 y とそのときの液相のモル分率 x と平衡な気相のモル分率 y^* との関係が必要である。そこで (3-26) 式で示される操作線と平衡線から吸収塔の高さを決めることができる。図 3-16 に示されるように xy 座標上に操作線と平衡曲線を記述する。吸収塔内のある位置における組成 (x、y) が操作線上の A 点で表されている。液相のモル分率 x と平衡である気相のモル分率 y^* は平衡曲線上にあるので、これから $1/(y-y^*)$ の値を決定することができる。この値を y_2 から y_1 までプロットして得られた曲線を図積分する。(3-34) 式より、この積分値と $G/(K_y a)$ との積が吸収塔の高さ Z となる。

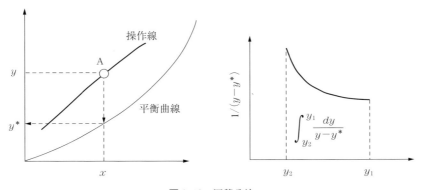

図 3-16　図積分法

 SO₂ 10 vol%を含む 298 K、101.3 kPa の排ガス（残りは空気）が 3600 m³/h で排気されている。向流吸収塔の中で、水で洗浄して、含まれている SO₂ の 95% を除去したい。この条件で出口における吸収液中の SO₂ 濃度をモル分率で 0.05 にするための液流量はいくらか。吸収塔の断面積は 2 m² とする。

排ガスの全流量を SI 単位で表すと 3600/3600 = 1 m³·s⁻¹ となり、塔断面積 1 m² 当たりでは 0.5 m³·m⁻²·s⁻¹ である。SO₂ を除くと (0.5)(0.9) = 0.45 m³·m⁻²·s⁻¹ となり、この値を $n = V(P/RT)$ の関係を用いて物質量に換算すると、

$$G = (0.45)(101,300)/((8.314)(298)) = 18.399 \text{ mol·m}^{-2}\text{·s}^{-1}$$

排ガスに含まれる SO₂ の量は、$(0.05)(101,300)/((8.314)(298)) = 2.044 \text{ mol·m}^{-2}\text{·s}^{-1}$ となる。この 95% を除去するので塔頂で含まれる SO₂ の量は $(2.044)(0.05) = 0.1022 \text{ mol·m}^{-2}\text{·s}^{-1}$ となり、塔頂における SO₂ のモル分率 y_1 は、

$$y_1 = (0.1022)/(18.399 + 0.1022) = 0.0055$$

$y_2 = 0.1$ で、塔頂からは SO₂ を含まない水を流すので $x_2 = 0$ であり、$x_1 = 0.05$ として、(3-26) 式に代入すると、

$$18.399\left(\frac{0.1}{1-0.1} - \frac{0.0055}{1-0.0055}\right) = L\left(\frac{0.05}{1-0.05}\right)$$

より、$L = 18.399(0.11111 - 0.00553)/0.05263 = 36.909 \text{ mol·m}^{-2}\text{·s}^{-1}$、1 mol は 0.018 kg、断面積 2 m² より、

$$流量 = (36.909)(0.018)(2)(3600) = 4783 \text{ kg/h}$$

人にやさしい膜分離

　私たちの生活の中で水は欠くことのできないものであるが、地球上に存在するのは大部分が海水であり、真水は約 2.5% にすぎない。離島や沙漠のように水が不足している地域では海水淡水化により生活水を得ている。海水淡水化の方法として、海水を蒸発させて、それを冷却することで液化して塩分を除去する海水蒸発法もあるが、水を蒸発させるエネルギーは莫大であるので、最近は省エネルギー分離法である逆浸透膜による海水淡水化が主流である。膜分離は、それ以外に家庭用浄水器として使われ、医療現場では血液の人工透析用の膜がある。

　図 3-17 は膜による液体ろ過法を示す。膜の孔径より大きな粒子を排除することで、溶媒や粒子の大きさによる分離に用いられる。孔径により精密ろ過膜、限外ろ過膜、ナノろ過膜、逆浸透膜に分類されている。気体分離では多孔質膜以外に高分子を材料とする均質膜があり、気体分子の高分子への溶解度の差あるいは高分子膜中の拡散速度の差によって分離が可能となる。膜素材としては高分子膜が主流であるが、セラミック膜、炭素膜、ゼオライト膜、金属膜などの無機膜も実用化されている。

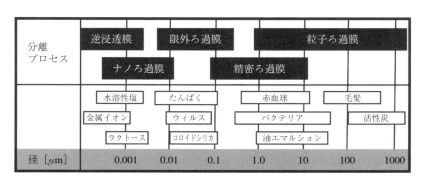

図 3-17　液体ろ過膜

直径 D_p=1–5 nm の細孔が貫通している多孔質膜では、気体分子は主に細孔壁と衝突を繰り返し、膜を透過する。このとき分子は Knudsen 拡散をする。膜厚 L [m] で膜間の分圧差が ΔP のとき、膜透過の流束 J [mol·m^{-2}·s^{-1}] は次式で表される。

$$J = D_K(\Delta C/L) = (D_K/RTL)\Delta P = (P_m/L)\Delta P$$

このとき透過係数 P_m（単位は mol·m^{-1}·s^{-1}·Pa^{-1}）は次式となる。

$$P_m = \frac{2D_p\varepsilon}{3}\sqrt{\frac{2}{\pi MRT}}$$

細孔径 D_p=1 nm、空間率 ε=0.3 の多孔質膜の 298 K における H_2 の透過係数はいくらか。N_2 に対する H_2 の透過係数比はいくらか。

H_2 の透過係数は、

$$P_m = (2D_p\varepsilon/3)(2/\pi MRT)^{0.5}$$
$$= ((2)(10^{-9})(0.3)/3)[2/((3.14)(0.002)(8.314)(298))]^{0.5}$$
$$= 7.17\times 10^{-11} \text{mol·m}^{-1}\text{·s}^{-1}\text{·Pa}^{-1}$$

透過係数 P_m と RT の積から Knudsen 拡散係数 D_K を求めると、

$$D_K = (7.17\times 10^{-11})(8.314)(298) = 1.78\times 10^{-7} \text{m}^2\text{·s}^{-1}$$

となり、空気中の H_2 の分子拡散係数（$D = 7.2\times 10^{-5}$ m^2·s^{-1}）に比べて 2 桁小さい。

N_2 に対する H_2 の透過係数比を α とすると、

$$\alpha = \sqrt{\frac{M_{N2}}{M_{H2}}} = \sqrt{\frac{28}{2}} = 3.74$$

となり、Knudsen 拡散の多孔質膜の選択性は低い。

膜が真水に変える

 小さな溶媒分子は通すが、大きな溶質分子は通さないという性質を半透膜という。図3-18に示すように塩水と真水を半透膜で仕切っておくと、水分子は半透膜を通って真水から塩水のほうへ浸透する。そのため、塩水の液面は上がり真水の液面は下がり、その結果水圧がかかるので、やがて水分子の膜透過はストップする。浸透圧の大きさΠ [Pa] はファントホッフの法則から、溶質の濃度Cと温度Tに比例し、以下の関係が成り立つ。

$$\Pi = CRT \tag{3-35}$$

 半透膜を構成する高分子が熱運動することで生じるサブナノメートル（1 nm以下のこと）のすきまを通して水分子が移動できるように設計された逆浸透膜を用いると、図3-18に示すように塩水側を加圧することによって、水分子が塩水から真水へ移動する。これが膜法による海水淡水化のメカニズムである。

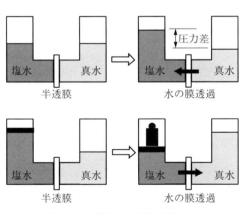

図 3-18　膜法による海水淡水化

 半透膜を隔てた U 字管（管の断面積 2 cm²）の片側に水を、片側にタンパク質 1 g を含む水溶液をともに 100 ml 入れて、25℃ で放置したところ液面の高さの差が 3.5 cm となった。このタンパク質の分子量はいくらか。ただし、水とタンパク質を含む水溶液の密度はともに 1000 kg·m⁻³ とする。

3.5 cm の水柱の質量 m は、
$$m = (0.035)(2\times10^{-4})(1000) = (35)(2\times10^{-4})\,\text{kg}$$

浸透圧 Π は、
$$\Pi = (35)(2\times10^{-4})(9.8)/(2\times10^{-4}) = 343\,\text{Pa}$$

ファントホッフの法則の (3-35) 式の濃度 C は、
$$C = n(\text{物質量})/V(\text{体積}) = w(\text{質量})/(M(\text{分子量})V(\text{体積}))$$

より、
$$\Pi V = (w/M)RT$$

となる。タンパク質の水溶液は水の移動により体積が膨張しているので、
$$V = 100\times10^{-6} + (0.035)(2\times10^{-4})/2 = 1.035\times10^{-4}\,\text{m}^3$$

となり、$w = 0.001$ kg なので分子量は、
$$M = wRT/\Pi V$$
$$= (0.001)(8.314)(298)/((343)(1.035\times10^{-4})) = 69.8\,\text{kg}$$

分子量は高分子 1 mol あたりの g 数で表すので、分子量は 69,800 となる。

表面に吸着

　菓子箱に入っている乾燥剤、冷蔵庫用脱臭剤などは、その機能によって名付けられているが、乾燥剤は空気中の水蒸気を吸着する**吸着剤**で、脱臭剤は悪臭成分を吸着する吸着剤である。家庭用浄水器では、中空糸膜で水道中に含まれる鉄さびや細菌などのにごりをとり、活性炭吸着剤で溶解している揮発性有機化合物（主にトリハロメタン）を吸着する。吸着剤には径の小さい細孔を持つ活性炭、シリカゲル、アルミナ、

ゼオライトなどが用いられる。一般的な活性炭では平均径が2～5 nmの細孔がたくさんあいているので内部は空洞状態であり、吸着剤の質量当たりの表面積である**比表面積**は非常に大きい。この広い表面を用いて分子を捕捉することができる。

　吸着には温度や圧力の変化によって容易に吸着・脱着を繰り返す**物理吸**

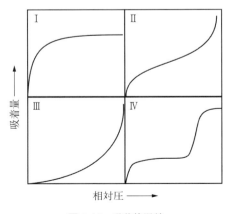

図 3-19　吸着等温線

着と吸着成分－吸着剤表面間で化学結合を生じ、脱着が起りにくい化学吸着がある。工業用あるいは家庭用の吸着剤では**物理吸着**を利用している。

物理吸着では吸着剤単位質量当たりの吸着量［kg/kg］は、温度と圧力によって変わる。圧力一定の条件では吸着量は温度が高くなるほど小さくなる。一般には温度を一定としたときの吸着量と圧力の関係を表すことが多く、これを**吸着等温線**という。

吸着等温線は、細孔の有無やその大きさ、吸着エネルギーの大小などによりその形が変わる。図 3-19 に吸着等温線の分類を示す。Ⅰ型はマイクロポア（2 nm 以下の細孔）の存在の可能性を示し、Ⅱ型とⅢ型は細孔が存在しないかまたはマクロポア（50 nm 以上の細孔）の存在の可能性を示し、特にⅢ型はガス分子同士に比べてガス分子と固体表面の相互作用が弱い場合の等温線である。Ⅳ型はメソポア（2～50 nm の細孔）の存在の可能性を示す。この吸着等温線から比表面積や細孔分布を決定することができる。

吸着等温線を数式で表したものを**吸着等温式**といい、吸着質の平衡分圧 p［Pa］に対する吸着量 q［kg/kg－吸着剤］を求めるために、Ⅰ型とⅢ型はそれぞれ Langmuir 式と Freundlich 式で表される。

$$\text{Langmuir 式} \qquad q = q_s K p / (1 + K p) \qquad (3\text{-}36)$$

$$\text{Freundlich 式} \qquad q = k p^{1/n} \qquad (3\text{-}37)$$

ここに、q_s は飽和吸着量であり、K、k および n は吸着等温線の実測値から決定する。

圧力スイング吸着法（PSA 法）は吸着剤を充填した装置に昇圧、減圧を繰り返して気体を分離する方法であり、昇圧時には吸着し、減圧時に脱着して高純度気体を得ると同時に吸着剤は再生される。

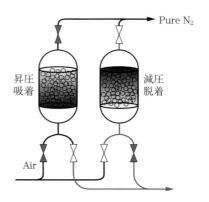

 直径 1 mm の活性炭に 2 nm の細孔が無数にあいている。この活性炭の全体積の半分が空間であるとき、比表面積はいくらになるか。活性炭のみかけの密度は（空間を含む密度）は 1000 kg·m^{-3} とする。

活性炭の体積と質量は、

$$(4/3)\pi(0.0005)^3 = 5.236\times 10^{-10} \text{m}^3$$

$$(5.236\times 10^{-10})(1000) = 5.236\times 10^{-7} \text{kg}$$

であり、活性炭の細孔を連結して、直径 2 nm、長さ N [m] の空洞にすると、空洞の容積は、活性炭の体積の半分なので、

$$\pi(1\times 10^{-9})^2 \times N = (5.236\times 10^{-10})/2$$

上式から N を求めると、$N = 8.33\times 10^7$ m となり、これは地球2周の距離に匹敵する。そこで、細孔の表面積を求めると、

$$\text{表面積} = \pi(2\times 10^{-9})(8.33\times 10^7) = 0.52 \text{ m}^2$$

比表面積は、

$$(0.52)/(5.236\times 10^{-2}) = 10^6 \text{m}^2\cdot\text{kg}^{-1}$$

ほんの 1 g の活性炭でも、テニスコート約5面分に相当する 1000 m^2 の表面積があることになる。

 粒状活性炭に揮発性有機化合物（VOC）を含む空気を流して、25℃で以下の平衡データを得た。これを用いて吸着等温線がLangmuir式に従うとして、飽和吸着量 q_s および定数 K を決定せよ。

平衡分圧[Pa]	136	102	68	34	17	8.5
吸着量[kg/kg]	0.262	0.254	0.239	0.202	0.153	0.104

(3-36) 式の両辺の逆数をとると、

$$\frac{1}{q} = \frac{1+Kp}{q_s K p} = \frac{1}{q_s} + \frac{1}{q_s K p}$$

次に、両辺に平衡分圧 p をかけると、

$$\frac{p}{q} = \frac{1}{q_s} p + \frac{1}{q_s K}$$

となるので、横軸に p、縦軸に (p/q) をプロットして直線を得れば、傾きは $(1/q_s)$、切片は $(1/(q_s K))$ となるので、これより q_s と K が決定できる。下図より、

$1/q_s = 3.43$　より　$q_s = 0.292$ kg/kg-吸着剤

$1/(q_s K) = 52.2$　より　$K = 3.43/52.2 = 0.066$ Pa^{-1}

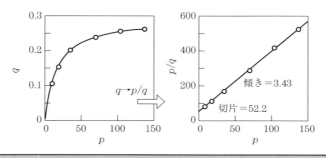

何から抽出

茶葉やコーヒー豆から美味成分、香り成分を抽出してお茶やコーヒーを飲む。あるいは漢方ブームで薬草を煎じて薬効成分を抽出する。あるいは、だし汁を作るのに昆布やいりこでうまみ成分を抽出する。このように抽出はもっとも生活に身近なものである。これらの操作はすべ

て固体から必要な成分を液体へ抽出している。この固液抽出は固体を相手にするために非常に複雑なので、個々の抽出操作は経験的な手法で行われている。水と有機溶媒あるいは異なる有機溶媒を接した場合には2相が形成され、一方に溶解している成分をもう一つの相へと抽出することができる。これを**液液抽出**あるいは**溶媒抽出**という。この溶媒抽出について考えてみよう。

酢酸を含むベンゼンと水とを接触させると、図3-20に示すようにベンゼン相から水相へ酢酸が移動する。しかしながら同時にベンゼンの一部は水相に、水の一部はベンゼン相に移動して3つの成分が平衡になる。液液抽出では抽出の目的成分（酢酸）を含む原料液（ベンゼン相）を抽料 F

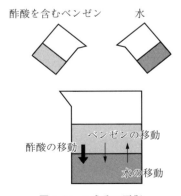

図3-20　3成分の平衡

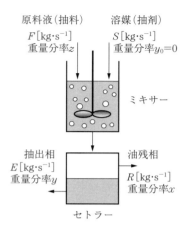

図 3-21 ミキサーセトラーによる単抽出操作

と 2 液相を構成し目的成分を溶解する溶媒（水相）を抽剤 S として図 3-21 のようにミキサーで撹拌混合した後に、セトラーで静置し、目的成分は抽出相 E（水相）に抽出され、一部は抽残相 R（ベンゼン相）に残る。

表 3-3 は酢酸-ベンゼン-水系の液液平衡を示す。平衡関係にある水と酢

表 3-3 酢酸-ベンゼン-水系の液液平衡（298 K）

ベンゼン相（重量分率）			水相（重量分率）		
酢 酸	ベンゼン	水	酢 酸	ベンゼン	水
0.0015	0.99849	0.00001	0.0456	0.0004	0.954
0.014	0.9856	0.0004	0.177	0.002	0.821
0.0327	0.9662	0.0011	0.29	0.004	0.706
0.133	0.864	0.004	0.569	0.033	0.398
0.15	0.845	0.005	0.592	0.04	0.368
0.199	0.794	0.007	0.639	0.065	0.296
0.228	0.7635	0.0085	0.648	0.077	0.275
0.31	0.671	0.019	0.658	0.181	0.161
0.353	0.622	0.025	0.645	0.211	0.144
0.378	0.592	0.03	0.634	0.234	0.132
0.447	0.507	0.046	0.593	0.3	0.107
0.523	0.405	0.072	0.523	0.405	0.072

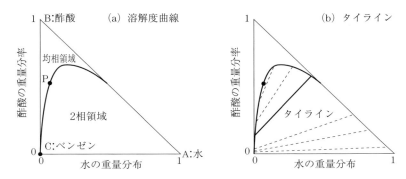

図 3-22 三角図上の溶解度曲線とタイライン

酸の重量分率を図 3-22(a) に示す三角図にプロットすると溶解度曲線が得られる。図中 A は水、B は酢酸、C はベンゼンを示す。

表 3-3 中の 4 番目の行で説明すると、ベンゼン相中には 86.4% のベンゼンに 13.3% の酢酸と 0.4% の水が含まれており、このベンゼン相と平衡である水相には 39.8% の水と 56.9% の酢酸に 3.3% のベンゼンが含まれており、このベンゼン相と水相の組成を結んだ直線を平衡タイラインと呼び、図 3-22(b) に示す。図 3-22(a) の P 点は表 3-3 の最後の行に対応しており、ここではベンゼン相と水相の組成が等しくなり均一相となる。

図 3-21 のように連続的に原料液が F [kg·s^{-1}]、抽剤が S [kg·s^{-1}] の流量でミキサーに供給し、セトラーから抽出相が E [kg·s^{-1}]、抽残相 R [kg·s^{-1}] で回収され、原料液、抽出相および抽残相に含まれる目的成分の組成をそれぞれ z、y および x とすると、物質収支より、

$$F + S = E + R = M \tag{3-38}$$

$$Fz = Ey + Rx = Mx_M \tag{3-39}$$

ここに M は混合液全体の流量で、x_M はその平均組成である。(3-38)、(3-39) 式から、

$$(z - x_M)/z = S/M = S/(S + F) \tag{3-40}$$

図 3-23 では原料液と抽剤の組成がそれぞれ F 点と S 点で表され、(3-

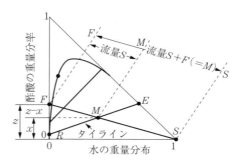

図 3-23 単抽出の図計算

40）式で明らかなように全体の流量に対する抽剤の流量の比を線分 FS 上にプロットした点が混合液の組成（M 点）となる。この M 点を通過する平衡タイラインから抽出相と抽残相の組成 E 点と R 点を決めることができ、(3-38)、(3-39) 式からそれぞれの流量 E、R が決定できる。原料中の目的成分のうちで抽出液に抽出された割合を**抽出率** η とすると、

$$\eta = Ey/Fz \tag{3-41}$$

となる。

原料液に2つの成分（抽質）AとBが含まれ、目的成分Aだけを優先的に抽出できれば分離が可能である。抽質が2相に分かれることを分配といい、**分配係数** $K_D[-]$ は、

$$K_D = y/x \tag{3-42}$$

となり、2つの成分の分配係数の比を**分離係数** α と呼ぶ。

$$\alpha = K_{DA}/K_{DB} = (y_A/x_A)/(y_B/x_B) \tag{3-43}$$

分離係数が大きいほど2成分の分離は容易である。蒸留操作では1回の気液平衡操作（単蒸留）では分離性能に限界があるので、連続蒸留を行う。抽出も液液間の平衡操作なので、ミキサーとセトラーからなる操作を多段化することで高い分離性（抽出率）が得られる。

例題 3-16 9%の酢酸を含むベンゼンを原料液として流量 22 kg·s⁻¹、水を溶媒として流量 8 kg·s⁻¹ で、それぞれミキサーに供給した結果、抽出相（水相）と抽残相（ベンゼン相）中の酢酸の重量分率はそれぞれ 0.18 と 0.02 となった。抽出相と抽残相の流量および抽出率はいくらか。

混合液の流量 M と平均組成は（3-38）式、（3-39）式より、

$$M = F + S = 30 \text{ kg·s}^{-1}$$

$$x_M = Fz/M = (22)(0.09)/(30) = 0.066$$

となる。また、（3-38）式より $R = M - E$ となり、これを（3-39）式に代入すると、

$$Ey + Rx = Ey + (M - E)x = Mx_M$$

これを解いて、

$$E = M(x_M - x)/(y - x)$$
$$= 30(0.066 - 0.02)/(0.18 - 0.02)$$
$$= 8.625 \text{ kg·s}^{-1}$$
$$R = M - E = 30 - 8.625$$
$$= 21.375 \text{ kg·s}^{-1}$$

抽出率は（3-41）式より、

$$\eta = Ey/Fz = (8.625)(0.18)/(22)(0.09) = 0.784$$

抽出率 78.4%

晶析から結晶

液体中に固体を発生させて取り出すことを**晶析**という。このように書くと堅苦しいが、実は身近な現象である。食塩水を鍋に入れて熱すると水が蒸発し、食塩の結晶が現れる。湯せんして溶かしたチョコレートを型に入れて冷蔵庫に入れておくと、チョコレートが固まる。これらはいずれも液体だけの状態から固体が発生しており、晶析の一種である。また、石灰水に二酸化炭素を吹き込むと白く濁るのも晶析である。白く濁る原因は、炭酸カルシウムの微細な粒子が大量に発生するためである。

晶析を行うと、目的とする物質を高い純度で得られるという特徴がある。このため、純度の低い固体をわざわざ溶媒に溶解させた後に再度晶析によって取り出すという操作が行われることもある。このような操作を**再結晶**という。再結晶の操作は、半導体に欠かせない高純度シリコンの製造でも応用されている。

晶析にはさまざまな分類がある。固体と液体の関係に着目すると2種に分類できる。食塩水から塩を析出させる時のように溶媒に溶けている溶質を固体として取り出す場合の晶析を、**溶液からの晶析**という。とけたチョコレートを固めるというように、液体が取り出す固体の融液である場合には、**融液からの晶析**という。この2種のうち、溶液からの晶析の方が広く用いられているので、以降では、溶液からの晶析を単に晶析と呼ぶ。

晶析を考える上で、溶解度はきわめて重要である。溶解度とは、溶媒の中に解けることのできる溶質の量を示す。溶解度の単位は、溶媒100 gに溶解できる溶質の量をグラムで表したものなどがよく用いられる。いくつかの例外を除き、溶解度は温度とともに上昇する。図3-24に代表的な物質の溶解度と温度の関係を示す。

溶液から結晶を析出させる方法の1つは溶液を冷却することである。温

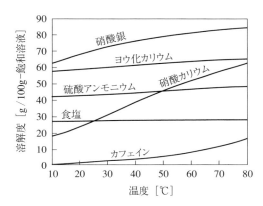

図 3-24　さまざまな物質の溶解度と温度の関係

度が低下すると溶解度が下がるので、溶けきれなくなった溶質が結晶となって現れる。このときに現れる結晶の質量は、最初の濃度と溶解度から求めることができる。このように溶液を冷却して固体を取り出す操作を冷却晶析という。

　一方で、食塩水から水を蒸発させて、食塩を取り出す操作では、溶媒を蒸発させて除いており、蒸発晶析と呼ばれる。蒸発晶析においても最終的に得られる結晶の量は、溶解度、蒸発量などから計算することができる。冷却晶析を行うには、温度変化による溶解度変化が大きくなくてはいけない。図 3-24 を見るとわかるように、食塩の溶解度は温度によってほとんど変化しない。したがって、食塩水を冷却しても大量の結晶を得ることはできない。

　冷却あるいは濃縮によって結晶が析出する条件にすると、溶質の濃度が溶解度よりもわずかに高い状態となる。このような状態を過飽和状態と呼び、過飽和状態における溶質の濃度と溶解度の差は、過飽和度と呼ばれる。本来溶解度よりも濃度が高くなることはできないので、過飽和度に相当する量の溶質が結晶として析出しようとする。すなわち過飽和度は結晶が析出する推進力である。結晶から溶液から現れるときには、一度に大きな結晶が現れるわけではない。結晶はまず、結晶核あるいは核と呼ばれる非常に微細な粒子として現れる。この現象は**核発生**と呼ばれる。結晶核は、溶

けきれなくなった溶質をその表面に取り込んで、次第に大きくなる。これを**結晶成長**という。核の発生速度、および結晶成長速度はいずれも過飽和度が大きくなるほど早くなる。

結晶の品質としては、純度のほか大きさもきわめて重要である。冷却晶析において、溶液の冷却速度が大きいと、過飽和度が大きくなり、核が大量に発生する。その結果、1つ1つの結晶は小さくなる。結晶の粒径を大きくするには、冷却速度を小さくして、結晶の数を小さくする必要がある。実際の晶析装置内部では、核が発生して成長するだけでなく、発生した結晶同士がくっついたり（凝集という）、結晶が破砕したりする。晶析によって得られる結晶の粒径分布は、破砕や凝集のほか、核発生速度、結晶成長速度によって大きく変化する。

48gの硫酸アンモニウムを含む80℃の水溶液100gがある。これを30℃まで冷却すると何グラムの硫酸アンモニウムの結晶が得られるか。ただし、30℃における硫酸アンモニウムの溶解度を0.44 g/g−溶液とせよ。

この例題では固体が析出するとその分だけ溶液の質量が減る点に注意して計算する必要がある。

析出する固体の量を X [g] とする。析出後の溶媒の質量は $100 - X$ [g] であり、その中に含まれている溶質の量は、$0.44(100 - X)$ [g] となる。ゆえに温度変化前後での硫酸アンモニウムの収支をとると、

$$48 = X + 0.44(100 - X)$$

となる。これを解くと、$X = 7.1$ g となる。

例題3-17において、発生した結晶の数はおよそ10^6個であった。1個あたりの結晶の大きさは幾らになると予想されるか？ ただし、硫酸アンモニウムの密度を、1763 kg·m^{-3}とし、すべての結晶が同じ大きさであったとして考えよ。

結晶の数をN[個]、平均的な粒径をd[m]、密度をρ[kg·m^{-3}]とすると、総質量W[kg]は次のように表される。

$$W = \rho N \frac{\pi}{6} d^3 \quad \text{これを変形すると、} \quad d = \left(\frac{6W}{\pi \rho N}\right)^{1/3}$$

であるから、値を代入して計算すると、$d = 1.97 \times 10^{-4}$m となる。すなわちおよそ 197 μm の結晶が得られていると予想される。

例題3-18において、およそ100 μmの結晶を得るには、何個の結晶を発生させねばならないか。

例題3-18の式を変形すると、

$$N = \frac{6W}{\pi \rho d^3}$$

となるので、計算すると、7.7×10^6個となる。

なお、今回の計算ではすべての結晶が同じ大きさとして計算したが、実際は粒径に分布がある。したがって、粒径分布を考慮して平均粒径を算出する必要がある。

きれいにろ過

台所の排水溝には、水だけでなく、食べ物の切れ端などの固体が流れ込む。これをそのまま下水に流すと、パイプが詰まるなどの問題がおきる。そこで、三角コーナーや排水口を水切りゴミ袋で覆って、固体と液体を分離させ、固体を回収している。

このように液体は通すが固体は通さないという膜や布を使って固体と液体を分離する操作をろ過という。ろ過を行う前の固体と液体の両方を含む流体を泥しょうとよぶ。ろ過によって得られた固体をケーキ、また液体をろ液という。ろ過を行うために使われる膜や布などはろ材と呼ばれる。

図 3-25 にろ過装置内部における泥しょう、ろ液、ろ材、ケーキの模式図を示す。ろ過を効率的に進めるためには、ろ液を短時間で流れ出させる必要がある。単位時間あたりに流れ出るろ液の量は、ろ過速度と呼ばれる。ろ過速度は、固体粒子の大きさ、ろ材の性質、液体の粘度、密度などのさまざまな因子の影響を受ける。

固体粒子は小さいほど、また液体の粘度が小さいほどろ過速度は小さくなる。ろ過速度が小さすぎて効率が悪い時には、泥しょうを加圧したり、

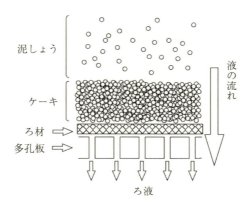

図 3-25　ろ過装置の様子

ろ過助剤を用いたりする。ろ過助剤とは、泥しょうにあらかじめ混ぜたり、ろ材の上に敷き詰めたりするとろ過速度が大きくなる性質を持ったもので、珪藻土などが用いられる。

ろ過速度（dv/dt）は、ケーキの抵抗 R_c とろ剤の抵抗 R_m の和に反比例し、ろ過圧力 ΔP に比例する。

$$\frac{dv}{dt} = \frac{\Delta P}{\mu (R_c + R_m)} \tag{3-44}$$

v はろ材の単位面積当たりのろ液量である。ろ過を行うと、ろ過速度が時間経過とともに次第に小さくなる。これはろ材の上の固体粒子の層、すなわちケーキが次第に厚くなっていくためである。ケーキの厚さがろ液の量に比例すると考えると、R_c は次のように書ける。

$$R_c = \alpha c v \tag{3-45}$$

α は比例係数、c は泥しょう中の固体の濃度である。ろ過圧力 ΔP が一定であるとして、（3-44）式と（3-45）式を変形すると、

$$\frac{dv}{dt} = \frac{\Delta P}{\mu (\alpha c v + R_m)} \tag{3-46}$$

これを $t=0$ で $v=0$ の条件で積分すると、

$$\frac{\mu \alpha c v^2}{2} + \mu R_m v = \Delta P t \tag{3-47}$$

が得られる。これを変形すると、ろ液量 v の時間変化は次式となる。

$$v^2 + 2v_0 v = kt \tag{3-48}$$

ここに $v_0 = R_m/(ac)$、$k = 2\Delta P/(ac\mu)$ である。これはルースのろ過方程式と呼ばれる。k はケーキの単位厚さ当たりの抵抗に依存し、v_0 は、ケーキに対するろ材の流体抵抗の比に依存する。ろ材の抵抗がケーキの抵抗に対して小さい場合には v_0 をほぼ0とみなせる。このような条件では、ろ液量が時間の平方根に比例する。

$$v = \sqrt{kt} \tag{3-49}$$

 面積1m²の平板のろ材を用いてろ過をしたとき、ろ過を開始してからケーキの厚さが2mmに達するまでに、t [s]が経過し、ろ液を2 l 回収することができた。この時刻からろ過をさらにt [s] 続けた場合、ろ液はいくら増えるか。またケーキの厚みはいくらになるか。ただし、ケーキ層の状態は変化せず、ろ材の抵抗がケーキの抵抗に対して十分に小さいと仮定する。

ろ液量と時間の関係は（3-49）式が成り立つとする。時刻0〜t [s]までのろ液量V_1は、

$$V_1 = \sqrt{kt}$$

ろ過をさらにt [s] の間継続すると、この間のろ液の増加量V_2は、

$$V_2 = \sqrt{k(2t)} - \sqrt{kt} = \sqrt{kt}(\sqrt{2}-1) = 0.414\,V_1$$

$V_1 = 2\,l$ なので、$0.83\,l$ のろ液が得られる。ろ液量とケーキ厚みが比例していると考えると、ケーキ厚さは、$0.82\,\mathrm{mm}$ 増える。

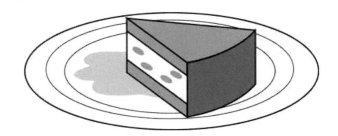

乾燥を科学する

液体が気体となることを蒸発と呼ぶが、固体に含まれる水分が蒸発して水分量を減らす操作は**乾燥**と呼ばれる。乾燥は私達の生活の中で身近な操作であり、衣類、ふとんおよび食器などの乾燥機として市販されている。また食生活では、食品の中で乾燥食品の占める割合は増えているし、生ゴミ処理機は生ゴミを減量化するために乾燥によって水分を除去するものである。

乾燥の方法には自然乾燥、熱風乾燥、真空乾燥、凍結乾燥などがあり、真空乾燥では減圧にすることによって水の沸点が低下するので、熱に弱い材料の乾燥に適している。凍結乾燥は一般に材料に含まれる水分を低温で固化した後、減圧にすることで昇華(氷が水蒸気になる)が起こり乾燥する。凍結乾燥は食品など、風味を損なってはいけないものの乾燥に適している。

乾燥でとりあげられる材料は内部に大小さまざまな孔を持つ多孔質体である。質量が W_s [kg] の完全に乾燥した材料を湿り気のある部屋に放置した場合、水を W [kg] 吸収したとき、この材料の含水率 w は次式で表される。

$$w = W/W_s \tag{3-50}$$

多孔質材料を熱風中で乾燥したときの時間 t と水分量 W との関係を図 3-26 に示す。この曲線の傾き dW/dt は負の値なので、$-dW/dt$ で表す乾燥速度と時間との関係も同時に図 3-26 に示す。初期の段階は熱風中にある材料の温度が上がるために必要な予熱期間となる。ここは非定常な現象なので乾燥速度は一定にならない。次に材料の各部分の温度は第 2 章湿度のところで説明した湿球の温度となり、乾燥速度は一定となる。ここを**恒率乾燥期間**という。その後は材料内部の温度が均一でなくなるために乾燥速度は時間とともに減少する。ここを**減率乾燥期間**という。減率乾燥期

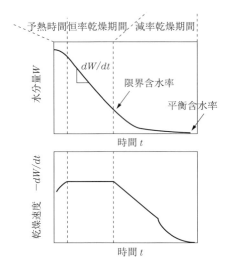

図 3-26 水分量と乾燥速度の変化

間では多孔質固体材料の内部で蒸発が起るので、固体材料内部の性質によって乾燥速度曲線が大きく異なる。

恒率乾燥期間から減率乾燥期間へ移行する点を**限界含水率** w_c という。さらに乾燥を続けると水分量は一定となり、それ以上は乾燥が進行しなくなる。この時の含水率を**平衡含水率** w_e という。平衡含水率となる状態では固体からの蒸発速度と熱風からの凝縮速度が平衡に達しているので、平衡含水率は、固体の性質だけでなく、熱風の温度、湿度などの影響を受ける。

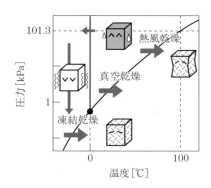

乾燥のスピード

乾燥機の中の洗濯物は熱風によって乾燥されるが、最初は洗濯物の温度が上がるまでは乾燥の速度は一定ではない（非定常状態）。洗濯物の温度がその内部から表面まで同じ温度になったときの材料表面の状態を模式的に描くと図 3-27 のようになる。左側は水分の移動を、右側は熱の移動を表している。

加熱によって表面の水が蒸発すると、内部から表面へ水が補給され、表面はいつも湿った状態にあり、与えられた熱は表面で蒸発熱

として消費されるので、材料内の温度は一定となる。この状態では乾燥速度は一定である。

乾燥速度 $R\,[\mathrm{kg \cdot m^{-2} \cdot s^{-1}}]$ を多孔質体の面積 A 当たりに水が乾燥する速度 $(-dW/dt)$ で表すと、

$$R = (1/A)(-dW/dt) \tag{3-51}$$

となり、(3-51) 式より $W = wW_s$ を代入して整理すると、乾燥速度は、

$$R = -(W_s/A)(dw/dt) \tag{3-52}$$

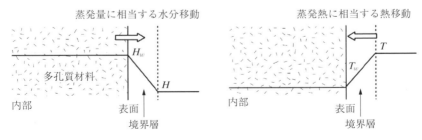

図 3-27　乾燥における熱・物質移動

で表される。

材料表面の境界層における水分の物質移動が支配的であるとき、材料表面における湿度を H_w と乾燥気流中の湿度を H とすると、乾燥速度は次式で表される。

$$R = -(W_s/A)(dw/dt) = k_H(H_w - H) \qquad (3\text{-}53)$$

k_H は第2章の「物質移動」で説明した境膜物質移動係数である。材料内部の水は移動して界面で蒸発し、境膜を拡散で移動している。蒸発は乾燥気流からの伝熱によって起るので伝熱の速度（熱流束 q）は、

$$q = h(T - T_w) \quad \text{[単位は J·m}^{-2}\text{·s}^{-1}\text{]} \qquad (3\text{-}54)$$

となる。h は第2章「対流伝熱」で説明した境膜伝熱係数である。蒸発した水分子が境膜を移動するので、伝熱速度を蒸発熱 λ [J·kg^{-1}] で割ると乾燥速度となる。

$$
\begin{aligned}
R &= -(W_s/A)(dw/dt) \\
&= (h/\lambda)(T - T_w) \quad \text{[単位は kg·m}^{-2}\text{·s}^{-1}\text{]}
\end{aligned} \qquad (3\text{-}55)
$$

最初の含水率が w_0 の固体が乾燥されて含水率 w となるまでの時間は (3-53)、(3-55) 式の微分方程式を解いた次式によって計算できる。

$$
\begin{aligned}
t &= W_s(w_0 - w)/(RA) \\
&= W_s(w_0 - w)/[k_H A(H_w - H)] \\
&= W_s \lambda (w_0 - w)/[hA(T - T_w)]
\end{aligned} \qquad (3\text{-}56)
$$

乾燥速度が一定の期間が過ぎると、内部からの水分の移動が追いつかなくなり、そのため蒸発する場所が表面から固体内部へと移動するために、乾燥速度は時間とともに減少する。最後には、乾燥条件で平衡な状態になり固体内部に微量の水分を保持してそれ以上乾燥が進まなくなる。

 多孔質材料に含まれる水の質量も含めた全質量に対して、水の質量を%表示した値を水分 y と呼ぶ、水分 y を含水率で示せ。水分が 30% の材料の含水率はいくらか。

水分 y は、

$$y = W/(W + W_s) \times 100$$

分子と分母をそれぞれ W_s で割って、$w = W/W_s$ を代入すると、

$$y = (W/W_s)/[(W/W_s) + 1] \times 100 = w/(w + 1) \times 100$$

上式に $y = 30$ を代入すると、

$$w/(w + 1) = 0.3$$

ゆえに、$w = 0.4286$

 乾燥固体質量が0.5 kgで表面積が0.2 m²の板状の多孔質材料に水分が30%含まれている。恒率乾燥速度が2 kg/(m²·h)のとき、この材料を限界含水率は0.1まで乾燥するために必要な時間はいくらか。

例題 3-21 より初期水分 30% は、初期含水率 $w_0 = 0.4286$ となる。
(3-56) 式より乾燥時間 t は、

$t = W_s(w_0 - w)/(RA)$

$= (0.5)(0.4286 - 0.1)/((2)(0.2))$

$= 0.41075$ 時間

$0.41075 \times 60 = 24.645$ 分

$0.645 \times 60 = 38.7$ 秒

答え　24.6 分　あるいは 24 分 40 秒

家庭用の電子レンジは周波数が 2450 MHz のマイクロ波を利用した調理器具である。食品にマイクロ波を当てると、食品中の水分子は分子内で双極子が回転、振動することにより内部発熱し、食品は加熱される。一方、氷はマイクロ波をほとんど吸収しないので冷凍食品の解凍は不向きである。

 洗濯をした衣服を早く乾燥するために注意すべき点を述べよ。

　(3-56) 式で含水率を w_0 から w まで経過する時間 t を短くするためには、以下の点に注意する。
(1) 衣服が外気と接する面積 A を大きくする。
　A を大きくするために、衣服のしわを伸ばしたり、ハンガーにかけて乾燥する。
(2) 境膜物質移動係数 k_H あるいは境膜伝熱係数 h を大きくする。
　(2-26) 式で示すように k_H や h を大きくするためには、乾燥するときに衣服周りの大気の流れ（流速）が必要である。風の強い日に乾燥する。
(3) 温度勾配（$T-T_w$）を大きくする。
　周囲の温度を上げる。そのために熱風乾燥器があるが衣服材料の耐熱性を考慮し、むやみに温度を上げない。
(4) 濃度勾配（H_w-H）を大きくする。
　空気が乾いた日に乾燥する。室内などの密室では乾燥とともに室内の湿度が増大するので、空気の入れ替えが必要である。
(5) 効果的な伝熱方法
　晴れた日に乾燥することで、対流伝熱に加えて放射伝熱を利用する。

調湿で快適に

　住居にカビが生える季節は夏と冬である。石油ストーブやガスストーブは燃えながら二酸化炭素と同時に大量の水蒸気を出している。この湿度の高い空気によってカビは生育でき、湿度の高い空気が暖房効果のない居室に流れ込むと結露することがある。機密性の高い住宅で電気ストーブ、電気コタツ、エアコンで暖を取る場合には逆に過乾燥になるので湿度を上げる工夫が必要である。調湿には空気中の湿度を下げる減湿と湿度を上げる増湿の操作がある。簡単な方法としては、空気を冷水に接触させれば減湿効果があり、空気を温水に接触させれば増湿効果が得られる。

　減湿方法としては、エアコンに代表される間接冷却減湿、活性炭などの吸着剤を用いる吸着減湿、押し入れ、タンス用除湿材に用いられる吸収減湿などの方法があり、増湿方法としては、超音波加湿器のように蒸気を直接噴霧する方法がある。

　始めにエアコンによる冷却について図 3-28 で説明する。図中の①はエアコンの室内機であり、室内の暖かい空気を取り込み、そこでパイプの中に入った冷媒と呼ばれる液体（約 5 ℃）と接触する。ここで熱が空気から冷媒へと移動し、空気は冷却され冷風となる。このとき冷媒は蒸発して気体となり、空気から受け取った熱エネルギーを室外へ運ぶ。室外機②で

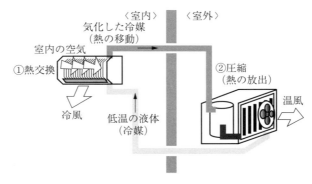

図 3-28　エアコンの仕組み

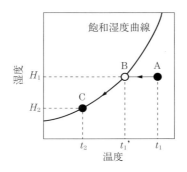

図 3-29 冷却減湿操作

気化した冷媒に圧力をかけると熱が外気に放出される。高温高圧の冷媒（約 80℃）は熱交換をしながら次第に液化し、ふたたび冷媒は室内機へと送られる。室外機からは温風がでてくる。冷蔵庫も同じ仕組みで庫内を冷やしている。

次に減湿について説明する。第 2 章では湿度の定義について説明した。飽和水蒸気量は空気の温度が上がるほど大きいので、温度と飽和湿度との関係は図 3-29 のようになる。室内の空気の温度を A 点（温度 t_1、湿度 H_1）として、冷媒が通っている管の外表面と接触させる。A の状態の空気は冷却されて湿度 H_1 における**露点** t_1'（B 点）になる。この B 点（温度 t_1'、湿度 H_1）の状態で空気中の水蒸気が凝縮し始め、飽和湿度曲線に沿って凝縮がすすみ、C 点（温度 t_2、湿度 H_2）に至り、冷風として室内を冷房する。したがって室内の空気は t_1［℃］から t_2［℃］に冷却され、同時に湿度は H_1 から H_2 まで下がり除湿ができる。

エアコンなどの冷却機の冷媒には古くからフロンが用いられてきた。フロンはメタンをベースにしてすべての水素を塩素とフッ素に置き換えた CFC（クロロフルオロカーボン）と水素を 1 個残した HCFC（ハイドロクロロフルオロカーボン）などがあるが、オゾン層を破壊し、地球温暖化を引き起こす。オゾン層を破壊しない代替フロンである HFC（ハイドロフルオロカーボン）を冷媒としたエアコンが市場に出ている。

粉と粒の不思議

　日本人の主食である米は脱穀した米粒をそのままで調理できる。一方、小麦は外皮が強く中身が弱いので、これを粉にしてパンや麺に加工して食卓にあがる。また、私達の目にはみえないようなダストやダニもまた粒子であり、日常生活では空気清浄機や掃除機を用いて回収している。われわ

炭酸カルシウム

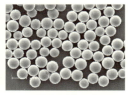
ガラスビーズ

図3-30　粒子の形

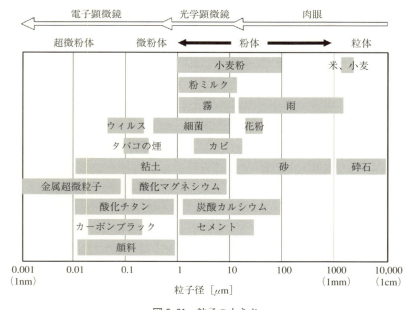

図3-31　粒子の大きさ

れの身の回りには多くの粒子がある。これらの粒子の性質や粒子の挙動そして流体を用いて粒子を自由にあやつる流動化法や粒子を集める操作（集塵）について考える。

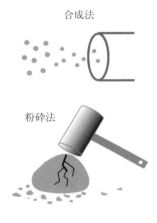

粒子と呼ばれるものは固体粒子の他に液滴がある。液滴は表面張力により球形に近い形を示す。図 3-30 でガラスビーズは溶融した原料を噴霧冷却して作製するので、表面張力の作用で球形の粒子ができる。しかしながら、一般には固体粒子の形は形状が一つ一つ異なるので粒子径を決めることは困難である。図 3-31 はいろいろな粒子の大きさを示す。

粒子を生成する方法には、小麦を石うすなどで細かくする粉砕法と、分子から反応や凝集によって粒子を作成する合成法がある。書道に用いる墨は、菜種やごまなどの植物油を燃やして、発生するすす（微粒子）を固めたものである。すすは古くから行われてきた粒子合成法である。

セメントや鉱物原料などを大量に製造する場合には粉砕法が用いられているが、粉砕機との物理的な接触が避けられないので不純物が混入する。そのために高純度の製品を得ることができない。また、サブミクロン粒子の生成が困難である。高純度微粒子を得る方法としては物理蒸着法（PVD）や化学蒸着法（CVD）などの気相法と噴霧熱分解法やゾルゲル法などの液相法がある。

分子から組み立てる合成法では直径が 1～100 nm のナノ粒子（超微粒子）を合成することが可能である。ナノ粒子はバルク材料に比べて物理的性質や化学的性質が大幅に異なる。例えば結晶であれば微細になるほど、バルク材料に比べて欠陥の数が少なくなるので、その材料本来の物性が得られる。これを利用して新しい機能や優れた特性を利用できる。また、粒子が小さくなるにつれて表面原子の割合が増加するので、ナノ粒子では表面活性が高くなる。

 ある貴金属原子が球状でその直径が 300 pm とする。この原子を集合させて一辺が 9 nm の立方体とするとき、全体の原子の個数と表面に露出している原子の個数はいくらか。1 辺が 3 nm では全元素数、表面原子数はいくらか。

300 pm = 300×10^{-12} m なので、一辺に並ぶ個数 n は、

$$n = (9 \times 10^{-9})/(300 \times 10^{-12}) = 30$$

したがって、全原子数は $30^3 = 27,000$ である。

表面の原子数は、

$$2 \times 30 \times 30 + 2 \times 28 \times 30 + 2 \times 28 \times 28 = 5048$$

9 nm の立方体ナノ粒子では全粒子数 27,000、表面原子数 5048、表面原子の割合は 18.7% である。

一辺を 3 nm とすると、同様に、

全原子数 = $[(3 \times 10^{-9})/(300 \times 10^{-12})]^3 = 10^3 = 1000$ 個

表面原子数 = $2 \times 10 \times 10 + 2 \times 8 \times 10 + 2 \times 8 \times 8 = 488 = 488$ 個

表面原子の割合は 48.8%

実際の金ナノ粒子は正 20 面体構造や 5 角 10 面体構造をとるといわれているが、ナノ粒子表面の科学的性質は粒子サイズに大きく影響される。

粒子径の決め方

　粒子を顕微鏡で撮影したところ、図 3-32 のような形状であった。この粒子のサイズを測定するのに、どこを測ってよいのか決めようがない。例えば粒子径としてもっとも長い部分（長軸径）ともっとも短い部分（短軸径）を測定しその平均をとることもある。また、撮影した図面より粒子の面積を計算し、その面積に等しい円の直径（円面積相当径）を粒子径にする場合もある。顕微鏡からみた 2 次元像ではその厚みがわからない。粒子の体積を測定して体積と等しい球の直径（体積相当径）を粒子径とする場合など、たくさん粒子径の測定法と定義がある。粒子を反応に使うのか、大きさで分けたいのか、気流に乗せて移動させたいのか、使用方法によって最適な粒子径およびその測定法を選択する必要がある。

　粒子は小さい粒子から大きい粒子まで粒子径に分布を持っている。粒子の分布を評価する方法、あるいは必要な粒子径の粒子だけを選別する方法として「ふるい」がある。ふるいは型枠にネットを張ったものであり、料理用のふるいは小麦粉の中の固まりを取り除き、きめ細かくして空気を含

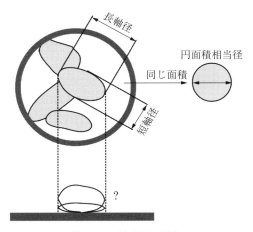

図 3-32　粒子径の測定

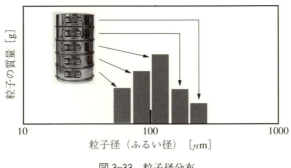

図 3-33　粒子径分布

ませる役割をする。粒子の分布を評価するには図 3-33 に示すように、網目の大きさが異なる数種類のふるいを何段か重ねてふるい分けを行う。この場合、網目の大きさが粒子径（ふるい径）となるので、各ふるいに残った粉の重さをそれぞれ測定すると粒子径分布を得ることができる。

　粒子の平均径を求める例として、直径 3 mm の球形粒子が 4 個と直径 5 mm の球形粒子が 6 個含まれる粒子群の平均をとると、平均径 =（3 mm× 4 + 5 mm×6）/(4 + 6) = 4.2 mm となる。これを直径が d_1、d_2、d_3……d_i の i 種類の球形粒子がそれぞれ N_1、N_2、N_3……N_i 個ある場合に拡張すると、

$$平均径 = (d_1 N_1 + d_2 N_2 + \cdots + d_i N_i)/(N_1 + N_2 + \cdots + N_i)$$
$$= \sum d_i N_i / \sum N_i \tag{3-57}$$

（3-57）式から求めた平均粒子径は見た目の粒子径よりも小さくなる。これは見た目には目立たない微細な粒子が大量に存在する場合に顕著になる。たとえば 1 mm の粒子と 0.1 mm の粒子が 100 個ずつ含まれる粒子の平均径を考える。この場合、見た目には 0.1 mm の粒子は目立たないので、平均粒子径は 1 mm であるように見える。しかし、（3-57）式で平均径を計算してみると、

$$平均径 = (100 \times 1 \text{ mm} + 100 \times 0.1 \text{ mm})/(100 + 100)$$
$$= 0.55 \text{ mm}$$

となり 1 mm の半分程度しかない。これは、粒子が大きくても小さくても同じ 1 つの粒子として数えているためである。このような平均径で粒子の大きさを表現するのは実用においても不都合となる場合も多い。

この点を改良する方法の 1 つとして、粒子の個数に主眼を置いて平均を取るのではなく、粒子の体積を基準として平均を算出する方法がある。粒子がサイコロのような立方体であるとする。このとき、大きさ d_i の粒子が N_i 個あると、その総体積は $d_i^3 N_i$ となる。(3-57) 式では、d_i の粒子が N_i 個あるので、これらの積 $d_i N_i$ の和を分子としている。体積を基準とした方法では、大きさ d_i の粒子の総体積が $d_i^3 N_i$ であるから、これらの積 $d_i^4 N_i$ の和が分子となる。分母も総個数ではなくすべての大きさの粒子についての体積の総和を用いる。すなわち、

$$\text{体積基準平均径} = (d_1^4 N_1 + d_2^4 N^2 + \cdots + d_i^4 N_i) / (d_1^3 N_1 + d_2^3 N_2 + \cdots + d_i^3 N_i)$$
$$= \sum d_i^4 N_i / \sum d_i^3 N_i \tag{3-58}$$

以上は立方体を仮定して導出したが、球形粒子などについても同じ式が導かれる。

また、基準として体積ではなく、粒子のもつ表面積を利用すると、表面積基準平均径を次のように導くことができる。

$$\text{表面積基準平均径} = (d_1^3 N_1 + d_2^3 N_2 + \cdots + d_i^3 N_i) / (d_1^2 N_1 + d_2^2 N_2 + \cdots + d_i^2 N_i)$$
$$= \sum d_i^3 N_i / \sum d_i^2 N_i \tag{3-59}$$

以上、体積基準平均径および表面積基準平均径を紹介した。これらに対して (3-57) 式の平均径は個数基準平均径と呼ばれる。1 mm の粒子と 0.1 mm の粒子が 100 個ずつ含まれる粒子の平均径について (3-58) 式を用いて体積基準平均径を計算してみると、約 1 mm となる。

 重合度1000、5000および10,000のポリエチレンがそれぞれ20%、30%、および50%含まれている材料の数平均分子量と重量平均分子量を求めよ。

　高分子の分子量は重合度と繰り返し単位の分子量の積で表すことができる。例えば重合度1000のポリエチレン（ $-(-CH_2CH_2-)_{1000}-$ ）の分子量は $28 \times 1000 = 28{,}000$ である。

　数平均分子量 M_n は、(3-57) 式の数平均粒子径の粒子径を分子量に置き換えればよく、分子量 M_i の分子が N_i 個あるとき分子の重量 $W_i = M_i N_i$ となるので、M_n は次式で表される。

$$M_n = \frac{\sum M_i N_i}{\sum N_i} = \frac{\sum W_i}{\sum W_i / M_i}$$

したがって、

$$M_n = 1/((0.2/28{,}000) + (0.3/140{,}000) + (0.5/280{,}000))$$
$$= 90{,}322$$

　重量平均分子量 M_w は重量分率による分子量の平均であるから、次式となる。

$$M_n = \frac{\sum M_i^2 N_i}{\sum M_i N_i} = \frac{\sum M_i W_i}{\sum W_i}$$

したがって、$M_w = ((28{,}000)(0.2) + (140{,}000)(0.3)$
$\qquad\qquad + (280{,}000)(0.5)) = 187{,}600$

　粒子径や高分子の分子量の平均値を知ることは重要であるが、平均値は同じでも分布が違えば、粒子や高分子の性質は大きく異なる。

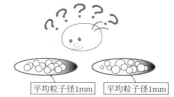

粒子径のばらつき

　粒子径分布から平均粒子径を求めるための道筋を考える。例えば、ある粉 100 g をふるい分けをしたところ、0〜20 μm の粒子が 15 g、20〜50 μm の粒子が 35 g、50〜100 μm の粒子が 40 g、100〜200 μm の粒子が 10 g となったとする。表現をかえれば 200 μm 以下の粒子が 100 g、100 μm 以下の粒子が 90 g、50 μm 以下の粒子が 50 g、20 μm 以下の粒子が 15 g ということになる。これをプロットすると図 3-34 となる。このような粒子径分布の表し方を積算分布という。

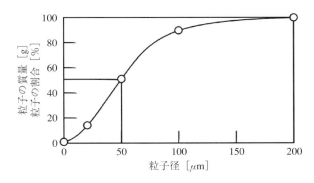

図 3-34　粒子径分布の積算分布表

　この例では、最初の粉の質量が 100 g なので、その数値はそのまま百分率で表した割合となる。積算した割合が 50% となる粒子径をメディアン径と呼ぶ。積算分布では、どの大きさの粒子の割合が多いかが明確でない。そこで、0〜20 μm の粒子が 20 g あるときに、その平均径は $(0+20)/2=10$ μm とし、粒子の質量を粒子径の範囲で割った値を q とすると q の値は $20\,\text{g}/(20\,\mu\text{m}-0\,\mu\text{m})=1\,\text{g}/\mu\text{m}$ となる。すべての粒子径の範囲でこの計算を繰り返し、粒子の質量を粒子径の範囲で割った値 q について百分率で表示した Q 値の結果を表 3-4 に示す。平均粒子径と Q 値をプロットすると図 3-35 となり、このような粒子径分布の表し方をヒストグラムという。

　セラミックや顔料、電池材料、触媒、化粧品、食品など幅広い分野で使

表 3-4 粒子径分布の結果

粒子径の範囲 [μm]	平均粒子径 D [μm]	q 値 [g/μm]	Q [%]
0–20	10	0.75	26.7
20–50	35	1.16	41.3
50–100	75	0.8	28.4
100–200	150	0.1	3.6

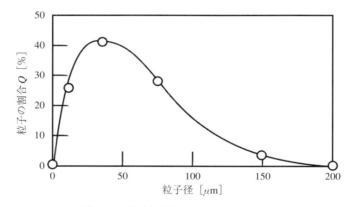

図 3-35 粒子径分布のヒストグラム表示

われる粉体の原料や製品では、一般的には粒子径分布が狭いものが要求される。粒子を容器に充填する場合について、大きさのそろった球を規則的にもっとも密に充填すると空間率は 0.259 となる。次に先ほどの球を充填したすきまに入るほどの球を充填すれば空間率は減少する。薬剤などのペレットを作る場合には、空間率が小さくみかけの密度が大きい充填体ほど強度が維持できて都合がよく、粉体の使用目的によって最適な粒子径分布がある。

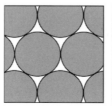
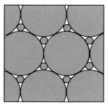

 表 3-4 の粒子径分布は質量を基準とした分布を示しているが、粒子の個数を基準とした場合には分布はどうなるか。

現実には 200 μm 以下の粒子の数を数えることは不可能であるから、数学的に考える。粒子径 D の粒子の体積は $(4/3)\pi(D/2)^3 = (\pi/6)D^3$ なので、粒子の密度を ρ とすると1個の粒子の質量は、$\rho(\pi/6)D^3$ となる。この粒子が N 個集まるとその質量 W は $(\rho\pi/6)ND^3$ に等しく、このことから粒子の個数 N は、

$$N = (6/\pi\rho)(W/D^3)$$

となるので、粒子の質量の割合を粒子径の3乗で除すると、それぞれの個数の割合となる。表 3-4 を整理すると、

粒子径分布

平均粒子径 D [μm]	質量基準の割合 Q [%]	Q/D^3	Q/D^3 を百分率表示した個数基準の割合 [%]
10	26.7	0.0267	96.3
35	41.3	0.000963	3.5
75	28.4	0.000067	0.2
150	3.6	0.000001	0.004

となり、10 μm の粒子は質量基準では 26.7% 含まれているが、個数基準では 96.3% 含まれている。

落ちていく速さ

雨粒はどのくらいの速度で落ちてきているのか。雨粒の大きさや雲の高さで速度は変わるのか。ここでは粒子が落下する速度について考える。密度が ρ_f で粘度が μ の静止流体中に直径が d で密度が ρ_p（$\rho_p > \rho_f$）の粒子を置くと、最初は加速しながら落下するが、ある時点からは一定速度で落下するようになる（定常）。このとき粒

子は重力によって下向きの力を受けるが、流体によって抵抗力と浮力が発生し、これらの力が上向きに作用してバランスする。粒子の質量を m、重力の加速度を g とすると、

$$（重力\ mg）=（浮力\ mg(\rho_f/\rho_p)）+（抵抗力\ F） \quad (3\text{-}60)$$

となる。ここで、粒子の落下方向に垂直な面に対する粒子の投影面積を A、落下速度を u とすると、抵抗力は次式で与えられる。

$$F = C_D A (\rho_f u^2/2) \quad (3\text{-}61)$$

ここで、C_D は抵抗係数であり、球形粒子の場合にはレイノルズ数（$Re = du\rho_f/\mu$）との間に図3-36のような関係がある。図3-36で示す層流域（ストークス域）では $C_D = 24/Re$、中間域（アレン域）では $C_D = 10/Re^{0.5}$、乱流域（ニュートン域）では $C_D = 0.44$ となる。(3-60)式と(3-61)式をこの C_D を用いて整理すると、

$$\text{ストークス域：} Re < 2 \quad u = (\rho_p - \rho_f)gd^2/(18\mu) \quad (3\text{-}62)$$

$$\text{アレン域：} 2 < Re < 500 \quad u = \{(\rho_p - \rho_f)^2 g^2 d^3/(225\mu\rho_f)\}^{1/3} \quad (3\text{-}63)$$

ニュートン域：$500 < Re$ $u = \{3.03(\rho_p - \rho_f)gd/\rho_f\}^{1/2}$ (3-64)

落下速度はこれ以上大きくならないので、この速度を粒子終端速度と呼ぶ。このように粒子の終端速度は高さには無関係である。

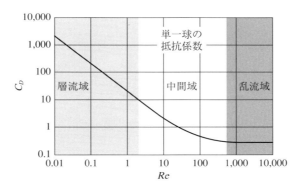

図 3-36　単一球の抵抗係数

 積乱雲が発達すると、場合によっては氷の塊であるあられ（直径 5 mm 以下）やひょう（直径 5 mm 以上）が落ちてくる。それでは直径 1 cm の球形のひょう（密度 ρ_p＝1000 kg・m^{-3}）が 20℃の空気中（密度 ρ_f＝1.2 kg・m^{-3}、粘度 18×10^{-6} Pa・s）を落下するとき、その落下速度 u を求めよ。

球形粒子の落下速度は（3-62）式、（3-63）式あるいは（3-64）式から決定することができる。しかし、どの式を使ってよいのかわからない。したがって、（3-62）式を用いると、

$$u = (1000 - 1.2)(9.8)(0.01)^2 / [(18)(18 \times 10^{-6})] = 3021 \text{ m·s}^{-1}$$

音速は $v = 331.5 + 0.6\,T$、(T は温度で単位は℃）なので20℃ では $343.5\,\text{m·s}^{-1}$ となり、音速を超えて落下するのはどうもおかしい。そこでレイノルズ数を計算すると、

$$Re = (0.01)(3021)(1.2) / (18 \times 10^{-6}) = 2.0 \times 10^6$$

では、層流の $Re < 2$ の条件には合わない。

(3-63) 式を用いると、

$$u = [\{(1000 - 1.2)^2 (9.8)^2 (0.01)^3\} / \{(225)(18 \times 10^{-6})$$
$$(1.2)\}]^{1/3} = 27.0 \text{ m·s}^{-1}$$

$$Re = (0.01)(27)(1.2) / (18 \times 10^{-6}) = 18,000$$

この場合も中間域の条件　$2 < Re < 500$ に合わない。

(3-64) 式を用いると、

$$u = [(3.03)(1000 - 1.2)(9.8)(0.01)] / (1.2)]^{1/2} = 15.7 \text{ m·s}^{-1}$$

$$Re = (0.01)(15.7)(1.2) / (18 \times 10^{-6}) = 10,467$$

となり、乱流域の条件 $Re > 500$ に合うので、これが正解となる。時速で表すと $56.5\,\text{km/h}$ となるので自動車と同程度のスピードで落ちてくることになる。

粒子の流動化

　粒子は落下中に力のバランスがとれて、ある一定の速度（粒子終端速度）で落下する。逆にその速度と同じ風速で空気を吹き上げれば、その粒子は空中に浮遊する。そこで、微粒子は配管を用いて気流で搬送することができる。図3-37に示すように、容器に粒子を充填して底部より流体を流すと、流速が小さいときには流体は粒子の間隙を通過するので、圧力損失は流速とともに増大し、ある流速を越えると粒子は浮遊し、運動を始める。この状態では圧力損失は流速によらず一定である。始めの状態を**固定層**、粒子が動き始めたものは**流動層**と呼ぶ。固定層は吸着装置や触媒反応装置として利用されている。一方、流動層は伝熱性が優れていることや粒子のハンドリングが容易であるなどの特徴をいかして第3章「連続蒸留が支える社会」で紹介した重油の流動接触分解装置や火力発電所のボイラとして利用されている。気相触媒反応では粒径が50-70 μm 程度の微粉の触媒を流動化するが、層内を流動化ガスが均一に流れるのではなく、ほとんどは気泡となって上昇している。

　固定層の圧力損失は第2章「流体の性質」で紹介したハーゲン-ポアズイユの式を拡張することで得られる。層流域では、流速 U、粒子径 d_p、固定層の空間率 ε、固定層の高さ L、流体の粘度 μ とすると、圧力損失 ΔP は、

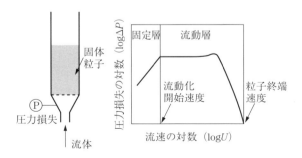

図3-37　流動化状態

154 第3章　単位操作

$$\Delta P/L = 150((1-\varepsilon)^2/\varepsilon^3)(\mu U/d_p^2) \qquad (3\text{-}65)$$

となる。この式は実験式であり、実際には粒子の形状が球状から大きく外れる場合には補正が必要である。

　流動層の状態では、壁摩擦が無視できるとすると粒子が流体によって支えられ、粉体層は液状化する。圧力損失 ΔP は流速によらず、（粒子の質量 W）$g/$（塔面積 A）に等しく一定になる。

$$\begin{aligned}
\Delta P &= (Wg/A) = (1-\varepsilon)g(\rho_p-\rho)(LA)/A \\
&= (1-\varepsilon)g(\rho_p-\rho)L \qquad (3\text{-}66)
\end{aligned}$$

ここに、ρ_p と ρ は粒子および流体の密度である。

　流動している状態で流速を増大しても、層が膨張するので空間が広くなることでバランスがとれて粒子は浮遊するが、飛び出すことはない。

　粒子の流動化が始まる速度（流動化開始速度 U_{mf}）は（3-65）式の固定層の圧力損失と（3-66）式の流動層の圧力損失が等しいことから、

$$U_{mf} = (\varepsilon^3 d_p^2(\rho_p-\rho)g)/(150(1-\varepsilon)\mu) \qquad (3\text{-}67)$$

となる。

　液体の流動層では流動化開始した後は、流量を増加させると粉体層は膨張し均一な層となる。一方、気体の流動層では、流動化開始して流速を上げた直後に、余剰の気体が気泡を形成する。その気泡は徐々に成長して層内を通過する。したがって、反応装置として流動層の特性を明らかにするためには、粉体が均一に流動化している濃厚相と、分散した気泡からなる気泡相とに分割した2相モデルを用いて解析する。その結果、流動層は固定層に比べて反応効率が悪いことになるが、伝熱特性や粒子輸送などの特徴を活かし、多くの分野で実用化が進んでいる。

例題 3-28

長さ1mの管に粒子を充填して、粘度 18×10^{-6} Pa·s の空気を 0.02 m·s^{-1} の流速で流したところ、管両端の圧力損失が 16 kPa となった。この粒子の粒子径はいくらか。空間率は 0.5 とする。

解説

(3-65) 式の固定層の圧力損失より、

$$d_p = [150((1-\varepsilon)^2/\varepsilon^3)(\mu UL/\Delta P)]^{0.5}$$
$$= [(150(0.5)^2/(0.5)^3)(18 \times 10^{-6})(0.02)(1)/(16,000)]^{0.5}$$
$$= 82 \times 10^{-6}$$

粒子径は 82 μm

このように固定層の圧力損失から平均粒子径を求めることができる。

例題 3-29

例題 3-28 で使用した砂粒子を空気で流動化させるとき、流動化開始速度はいくらか。ただし、砂粒子の密度は 2501 kg·m^{-3}、空気の密度は 1 kg·m^{-3} とし、流動化開始時の空間率は 0.55 とする。

解説

流動化開始速度は (3-67) 式より、

$$U_{mf} = (\varepsilon^3 d_p^2 (\rho_p - \rho)g)/(150(1-\varepsilon)\mu)$$
$$= [(0.55)^3(82 \times 10^{-6})^2(2501-1)9.8]/$$
$$\quad [150(1-0.55)(18 \times 10^{-6})]$$
$$= (2.7408 \times 10^{-5})/(1.215 \times 10^{-3})$$
$$= 0.0226$$

流動化開始速度は 0.0226 m·s^{-1}

スッキリ集塵

　一般家庭では室内を清浄にするために掃除機や空気清浄機が使われている。このように気体中から微細な固体粒子を分離する操作を**集塵**と呼ぶ。火力発電所などでは石炭を燃焼させて発電を行うが、石炭中の鉱物成分は燃焼後に灰分として排ガス中に含まれるので、集塵操作を行って灰分を除去した後に煙突から大気に放出する。最近の工場は集塵を含めた大気汚染防止策を十分に行っているので、煙突から立ち上る白煙の正体は水蒸気である。代表的な集塵方法としてはフィルター方式、サイクロン方式、電気集塵方式がある。

　フィルター方式は掃除機、エアコン、空気清浄機などに使われている。また、花粉症や風邪の季節に使用するマスクもフィルターである。フィルターは長時間使用すると、固体粒子が目詰まりし、圧力損失が増大するので、掃除機やエアコンは吸引不足となり性能が低下する。

　工業用のサイクロンの概略を図3-38に示す。微粒子を含む気流をサイ

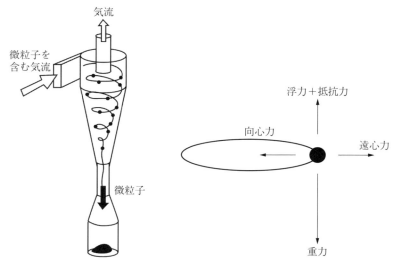

図3-38　サイクロン　　　　　図3-39　微粒子にかかる力

クロンの円筒部へ接線方向から吹き込むことによって、旋回運動が起る。下部の粒子回収ボックスは閉じた構造なので、空気はサイクロン内の中心方向に向かい上部の排出口から出て行く。一方、微粒子は旋回運動しながら重力によって下部に集められる。このとき気流中を旋回する微粒子にかかる力を図 3-39 に示す。粒子終端速度のところで説明したように、落下する微粒子には下向きに重力、上向きに浮力と抵抗力がかかる。また、微粒子が円運動するとき半径方向には遠心力と向心力がかかる。粒子の質量を m、接線方向の速度成分を u_θ、半径方向の速度を u_r、円周運動の半径を r とすると、遠心力は mu_θ^2/r となり、向心力は (3-61) 式から $C_D A$ ($\rho_f u_r^2/2$) となる。遠心力と向心力がつりあっている場合の粒子径を d、粒子密度 ρ とすると $m = (\pi/6)\rho d^3$、$A = (\pi/4)d^2$ なので、

$$\text{（遠心力）} = \text{（向心力）}$$
$$(\pi/6)\rho d^3 u_\theta^2/r = C_D(\pi/4)d^2(\rho_f u_r^2/2) \tag{3-68}$$

(3-68) 式から、

$$d = (3/4)C_D(\rho_f/\rho)(u_r/u_\theta)^2 r \tag{3-69}$$

となる。この式から求めた粒子径 d よりも大きい粒子は、遠心力が向心力より大きいために、遠心力によりサイクロンの壁に沿って落下するので回収できるが、d より小さい粒子は気流に同伴されるので回収できない。また、(3-69) 式の関係からサイクロンによって回収できる限界の粒子径 d は円周運動の半径 r に比例する。このことから、サイクロンは小さいほど微粒子の回収に適している。最近ではサイクロン方式の掃除機が普及している。

第4章

エネルギーと化学反応

　　地球上に存在するあらゆる生命は太陽エネルギーの恩恵を受けて活動をしています。人類は太古からの太陽エネルギーを、地中深く蓄積してきた石油や石炭という資源で、もう一度エネルギーに変換して快適な生活を手に入れています。地球温暖化や資源枯渇などの問題が顕在化した今、エネルギーについて考えましょう。エンタルピーや内部エネルギーなど少し理解しにくい言葉がでてきますが、読み進めていきましょう。この分野は熱力学という学問の第一歩と考えてください。

　　化学工学の学問なのに、これまで反応を取り上げてきませんでした。日常生活では反応を取り扱うことはすごく限られています。身の回りでもっとも一般的な反応は燃焼です。化学では複雑な反応を取り扱いますが、ここでは燃焼という単純な酸化反応を取り上げて、反応速度や反応熱について学習しましょう。

内部エネルギーとは

人が力 F [N] を用いて物体を h [m] 移動させる仕事をしたとき、人は Fh [J] のエネルギーを消耗する。運動している物体は運動エネルギーを持つ。高いところから質量 m の物体が落下するときを考える。物体と地球との間には重力の加速度 g が働き、力 $F = mg$ で高さ h [m] まで落下したとすると、この物体は落下によって $Fh = mgh$ の位置エネルギーを失っている。エネルギーの形態としては運動エネルギーや位置エネルギーのような力学的エネルギーの他にも熱エネルギー、化学エネルギー、電気エネルギー、電磁波のエネルギーなどがある。位置エネルギーは落下とともに運動エネルギーに変換するが、エネルギーの総量は変化しない（**力学的エネルギー保存の法則**）。力学的エネルギーの保存則をその他のエネルギーに拡張できる。**熱力学の第1法則**では「孤立系のエネルギーの総和は一定である」という用語で定義されている。ここで孤立系とは外部と物質、エネルギーのやりとりがない空間を示す。

物体が運動エネルギーや位置エネルギーを持つように、物体を構成する原子や分子も熱運動をしているので運動エネルギーを持ち、分子間では引力が働いているので位置エネルギーを持つ。このように物体を構成する原子や分子が持っているエネルギーを**内部エネルギー**という。物体に外部から熱や仕事としてエネルギーを加えると、分子の熱運動が盛んになり、内部エネルギーが増加する。このとき、物体の温度が上がり、気体や液体であれば分子同士の運動と衝突によってエネルギーを失い、最終的には周囲の物体の内部エネルギーとなって、周囲の温度が上昇する。

 下図に示すように熱を伝えない容器に気体を入れて、気体の体積を膨張させると気体の温度はどうなるか。

気体の状態方程式は、

$$PV = nRT$$

であり、気体の物質量 n は変化しないので、体積が膨張する分だけ圧力が減少するので、温度は一定のような印象を受けるが、この場合、温度が一定（**等温**）であればという条件が必要である。

この例題では熱の出入りができない条件（**断熱**）なので、気体は外部に正の仕事をし、熱力学の第一法則により、そのエネルギーに相当する内部エネルギーが減少するので温度は低下する。

したがって、気体の状態方程式が満足する等温膨張をするためには、熱を外部から供給する必要がある。

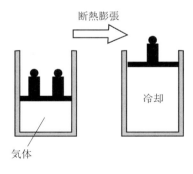

エネルギー変換

　日常生活を支えるエネルギーのひとつの電気エネルギーは、図 4-1 に示すようにさまざまなエネルギーへの変換が容易である。逆に電気エネルギーは主に原子力発電、火力発電、水力発電によって作られる。原子力発電では核エネルギーによって、火力発電では化学エネルギーを持った石油、石炭などを燃焼することによって熱エネルギーへと変換し、さらに加熱した水蒸気の力学的エネルギーで発電機を回して発電している。このとき熱エネルギーはすべてを仕事に変換することはできない。

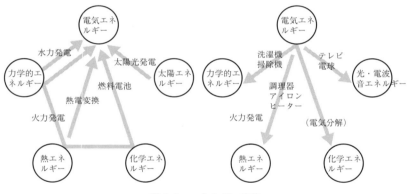

図 4-1　エネルギー変換

　ガソリンエンジンでは、ガソリンを燃焼させて高温高圧の気体をつくり、ピストンを押す仕事として取り出した後に、残りの熱エネルギーは排気ガスあるいはエンジンから外部の大気へ放出する。このように蒸気機関やエンジンなどの熱機関が高熱源から $Q_1[J]$ の熱を吸収し、これから仕事 $W[J]$ を取り出し、低熱源に $Q_2[J]$ の熱を放出したとすると、エネルギー保存則より $Q_1 = Q_2 + W$ なので、熱効率 ε は、

$$\varepsilon = W/Q_1 = (Q_1 - Q_2)/Q_1 = 1 - Q_2/Q_1 \tag{4-1}$$

となる。この式より熱効率は 1 より小さい。例えば、ガソリンエンジンの

熱効率は27%程度である。同様に火力発電プロセスには熱機関が含まれるので発電効率には限界がある。一方、燃料電池は化学エネルギーから電気エネルギーへの直接変換なので高効率化が期待できる。

エネルギーは石油、石炭、天然ガス、ウランなど直接採取されるエネルギー資源を一次エネルギーといい、電気やガソリンなど一次エネルギーから製造されるものを二次エネルギーと呼ぶ。環境にやさしい水素エネルギーという言葉を耳にするが、厳密には正しくない。確かに燃焼しても二酸化炭素を排出しない。しかし、水素は二次エネルギーであり、現実には有機化合物中の水素を反応によって抽出するか、水を電気分解して水素を製造する。有機化合物から水素を取り出す反応では副生成物として二酸化炭素が生成するし、電気分解に用いる電気エネルギーは現状では主に火力発電を利用しているので環境にやさしいとはいえない。近い将来に一次エネルギーからの商用発電に比べて、水素を経由した燃料電池のエネルギー利用効率が高くなることを期待したい。

化石燃料は数100年という時間で考えれば枯渇することは確実であり、その前に水力、風力、太陽光、太陽熱、バイオマスなど太陽エネルギーを用いた**再生可能エネルギー**へとシフトする必要がある。太陽エネルギーのエネルギー密度は低いので、水力発電以外は小型のエネルギーシステムであり、先進国では一次エネルギーに占める再生可能エネルギーの割合は10%に満たない。持続可能社会を形成するには、太陽エネルギーを用いた水素製造および高効率利用システムを今から考えていかなければならない。

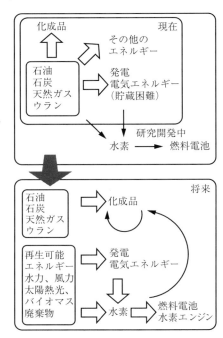

 理想的熱機関では、熱効率 η は流体の種類に無関係に高熱源の温度 T_H と低熱源の温度 T_L で決まり、(4-1)式は以下のようになる。

$$\eta = 1 - Q_2/Q_1 = (T_H - T_L)/T_H$$

熱効率 20% の理想的熱機関の熱効率を 40% に上げるためには高熱源温度を何℃あげればよいか。ただし、ともに低熱源温度は 20℃ とする。

熱効率 20% の熱機関の高熱源温度は、
$$0.2 = (T_H - (273 + 20))/T_H$$
より、$T_H = 366.25$ K

熱効率を 40% にするためには、
$$0.4 = (T_H - (273 + 20))/T_H$$
より、$T_H = 488.33$ K

したがって、
$$488.33 - 366.25 = 122.08$$
温度を 122 K 上げる。

2つの定温変化と2つの断熱変化によりサイクルを完成する理想的熱機関をカルノーサイクルという。

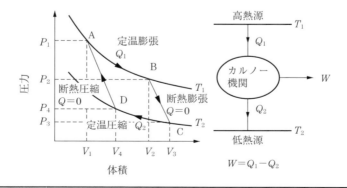

反応と反応速度

日常生活でもっともポピュラーな反応は燃焼反応である。例えば、天然ガスの主成分であるメタン CH_4 の燃焼反応は次式で表される。

$$CH_4 + 2\,O_2 \rightarrow CO_2 + 2\,H_2O \qquad (4\text{-}2)$$

多くの化学反応では役に立つ物質を合成することが目的であるが、メタンの燃焼反応では生成する熱が重要である。ここでは熱に関する説明の前に、反応速度について考える。

反応速度 $r\,[\mathrm{mol \cdot m^{-3} \cdot s^{-1}}]$ とは物質が反応によって消費される速度を表す。通常は、単位時間・単位体積当たりの消費量をモルで表す場合が多い。

気相中でメタンの燃焼反応が起こるためにはメタンと酸素の衝突が必要である。この衝突回数は物質の濃度が高いほど高いので、反応速度は濃度と比例関係にある。一般に a モルの A 分子と b モルの B 分子が反応して、c モルの C 分子と d モルの D 分子が生成するとき、化学反応式は、

$$a\mathrm{A} + b\mathrm{B} \quad \rightarrow \quad c\mathrm{C} + d\mathrm{D} \qquad (4\text{-}3)$$

となり、A 分子、B 分子の濃度を C_A、C_B とすると、反応速度式は、

$$r = kC_A{}^m C_B{}^n \qquad (m、n\ は\ 0、1、2\ など) \qquad (4\text{-}4)$$

で表される。ここで k は反応速度定数である。メタンの燃焼反応は発熱反応（反応が進むと熱が発生する反応）である。反応が開始するには、ある一定以上のエネルギーが必要であり、これを活性化エネルギー E という。図 4-2 に示すように活性化エネルギー以上のエネルギーを得ると、活性化状態を経て生成物に変わる。この図では反応物のエネルギーが生成物のエネルギーより高いので、その差に相当するエネルギーが熱として放出され、反応は発熱反応になる。逆に反応物エネルギーが生成物のエネルギーより低い場合には外部から熱を吸収して吸熱反応となる。反応に使われる触媒の働きは活性化エネルギーを下げることで、反応速度を増大する役

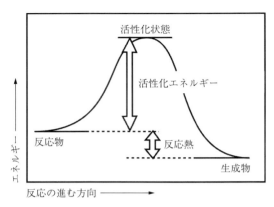

図4-2 活性化エネルギー

割がある。

温度を上げると分子の熱運動が激しくなり、活性化状態になる分子の数が増加するので反応速度が増大する。反応速度定数 k と温度 T との間には次式の関係がある。

$$k = k_0 e^{-E/RT} \tag{4-5}$$

ここに、E は活性化エネルギー [J·mol^{-1}]、R は気体定数 [8.314 J·mol^{-1}·K^{-1}]、T は絶対温度 [K]、k_0 は定数である。両辺の対数をとると、

$$\log_e k = \left(-\frac{E}{R}\right)\left(\frac{1}{T}\right) + \log_e k_0 \tag{4-6}$$

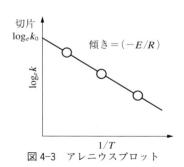

図4-3 アレニウスプロット

となる。反応温度を何点か変えて化学反応を行い、それぞれの温度で反応速度を測定し、求めた反応速度定数の対数を縦軸に、絶対温度の逆数を横軸にして図4-3のようにプロット（アレニウスプロット）すると、(4-6)式の関係から、傾きは $(-E/R)$ となるので、これより活性化エネルギーを求めることができる。

反応速度式が $r=kC$ で表される反応がある。反応速度定数 k が $0.1\,s^{-1}$ のとき、反応速度が $0.012\,mol\cdot m^{-3}\cdot s^{-1}$ となるのは、濃度がいくらの場合か？

$r=kC$ であるから、$C=r/k=0.12\,mol\cdot m^{-3}$

　ここで説明している反応速度式は気体中や液体中などの均相反応について考えているが、例えば、石炭などの固体を燃焼する反応や触媒反応の反応速度では固体の単位質量当たりの値として r（気固）$[mol\cdot kg^{-1}\cdot s^{-1}]$ で表す。気体と液体の界面での反応や水の電気分解のように固体電極表面上で反応が起こる場合には r（表面積）$[mol\cdot m^{-2}\cdot s^{-1}]$ で表す。

反応速度 r が反応成分である分子 A の濃度の1次に比例するときと、A の濃度の2次に比例するときの反応速度定数の単位を示せ。

1次に比例するとき $r=kC_A$ なので k の単位は r/C_A の単位に等しいので、

$$[mol \cdot m^{-3} \cdot s^{-1}]/[mol \cdot m^{-3}] = [s^{-1}]$$

2次に比例するとき $r=kC_A^2$ なので k の単位は r/C_A^2 の単位に等しいので、

$$[mol \cdot m^{-3} \cdot s^{-1}]/[mol^2 \cdot m^{-6}] = [mol^{-1} \cdot m^3 \cdot s^{-1}]$$

このように反応速度定数は反応速度式の濃度依存性によって単位が変化する。

(4-4) 式で示した反応速度式において m と n の値は整数である必要はなく、小数、分数で表されることもある。$m=n=0$ の場合の反応速度式は $r=k$ なので、k の単位は $[mol \cdot m^{-3} \cdot s^{-1}]$ である。

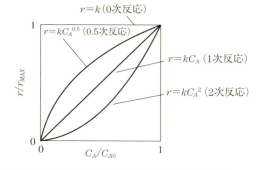

活性化エネルギーが 100 kJ·mol^{-1} の反応を行うと、反応温度を 100℃ から 110℃ に上げると反応速度定数は何倍になるか。

式 (4-6) より、

110℃ では $\log_e k(110) = (-E/R)(1/383) + \log_e k_0$ (A)

100℃ では $\log_e k(100) = (-E/R)(1/373) + \log_e k_0$ (B)

(A)式左辺 − (B)式左辺 = (A)式右辺 − (B)式右辺より (ここで $\log X - \log Y = \log(X/Y)$)

$$\log_e[k(110)/k(100)] = (-100{,}000/8.314)[(1/383) - (1/373)] = 0.8419$$

両辺の指数をとると、

$$k(110)/k(100) = e^{0.8419} = 2.32$$

温度を 10℃ 上げると反応速度定数が 2.3 倍になる。

対数のきまり
$\log_e x + \log_e y = \log_e xy$
$\log_e x - \log_e y = \log_e x/y$
$2\log_e x = \log_e x^2$

指数のきまり
$(e^x)^y = e^{xy}$
$e^x e^y = e^{x+y}$
$e^x/e^y = e^{x-y}$

エンタルピーを理解する

　燃焼とは燃料と空気中の酸素が高温で反応することであり、主に発生する熱を利用する。そのためにエネルギー収支としての燃焼計算が重要である。燃焼などの化学反応に限っていえば、エネルギー収支では運動エネルギーや位置のエネルギーは無視でき、熱量、仕事量および内部エネルギーで表すことができる。

　収支をとる場合には、ある領域を特定しなければならない。これを系と呼ぶ。系内の内部エネルギー U とは系内にある物質が持っているエネルギーであり、温度や圧力が変化すれば内部エネルギーも変化する。系内に気体が存在している場合について考えると、系内にある熱量 Q を加えると、系は圧力が一定であれば膨張することで周囲に対して仕事 W を行う。そこで系内の内部エネルギーの変化量 ΔU は、

$$\Delta U = Q + W \tag{4-7}$$

である。等温等圧で、体積が膨張することによる仕事量 W は、

$$W = -P\Delta V \tag{4-8}$$

なので、熱量 Q は、

$$Q = \Delta U + P\Delta V \tag{4-9}$$

　この $\Delta U + P\Delta V$ をエンタルピーの増加量 ΔH と呼ぶ。内部エネルギー変化 ΔU は熱と仕事が両方変化するので測定しにくい。一方、等温等圧で条件を限定したエンタルピー変化 ΔH を用いると反応が起こるときの物理変化や化学変化の解析が容易である。

エンタルピーを理解する

例題 4-1 で説明した等温膨張における熱量 Q および断熱膨張における熱量 Q はいくらになるか。

（4-8）式では等温膨張で加えられた熱量 Q に対し、それによって周囲にした仕事 W は負の値を持つ。したがって（4-8）式の微分形は、
$$dW = PdV$$
となる。等温変化では内部エネルギー変化 dU は 0 なので、（4-9）式から、
$$dQ = dW = PdV$$
等温膨張で体積が V_1 から V_2 に変化したとき、上式を積分すると、
$$Q = W = \int_{V_1}^{V_2} PdV = nRT \int_{V_1}^{V_2} \frac{dV}{V} = nRT \ln \frac{V_2}{V_1}$$
となる。断熱膨張では、系と周囲との間で熱移動がないので $Q = 0$ である。

例題 4-2 で解説したカルノーサイクルでは等温膨張では、$Q_1 = nRT \ln(V_2/V_1)$、断熱膨張では、$Q = 0$、等温圧縮では、$Q_2 = nRT \ln(V_3/V_4)$、断熱圧縮では、$Q = 0$ となり、$V_2/V_1 = V_3/V_4$ となるので、熱効率 η は、
$$\begin{aligned}\eta &= (Q_1 - Q_2)/Q_1 \\ &= [nRT_1 \ln(V_2/V_1) - nRT_2 \ln \\ &\quad (V_3/V_4)]/nRT_1 \ln(V_2/V_1) \\ &= (T_1 - T_2)/T_1\end{aligned}$$
となる。

相変化のエンタルピー

−20℃ の氷（1 mol、質量 0.018 kg）に熱を加えて 60℃ の水となるまでのエンタルピー変化 ΔH について考える。圧力が一定のときの比熱（定圧比熱）C_P はエンタルピーの温度変化（$\Delta H / \Delta T$）で表される。氷の比熱 C_P が $2.0\,\text{kJ}\cdot\text{kg}^{-1}\cdot\text{K}^{-1}$ とすると、0℃ の氷となるまでのエンタルピー変化 ΔH_1 は、

$$\Delta H_1 = m C_P \Delta T$$
$$= (0.018)(2.0)(273-253) = 0.72\,\text{kJ} \tag{4-10}$$

固体から液体への変化は融解と呼ばれるが、図 3-2 で示したように一定温度のまま相が変化するので蒸発熱や昇華熱とともに潜熱と呼ばれる。氷の融解熱は $6.0\,\text{kJ}\cdot\text{mol}^{-1}$ なので、融解のエンタルピー変化 ΔH_2 は、

$$\Delta H_2 = (1)(6.0) = 6.0\,\text{kJ} \tag{4-11}$$

最後に 0℃ の水を 60℃ まで暖めるためのエンタルピー変化 ΔH_3 は、水の比熱が $4.2\,\text{kJ}\cdot\text{kg}^{-1}\cdot\text{K}^{-1}$ なので、

$$\Delta H_3 = (0.018)(4.2)(333-273) = 4.536\,\text{kJ} \tag{4-12}$$

全体で 11.256 kJ の熱が必要である。比熱には体積が一定の条件における比熱（定容比熱）C_V があるが、固体と液体との場合には C_P と C_V にはほとんど差がなく、また温度に対しても比熱は大きく変わらないので、計算する温度区間における平均比熱を用いて計算してもかまわない。一方、気体は C_P と C_V に差があり、温度の関数として表される。一般には定圧比熱 C_P は以下に示す実験式で表される。

$$C_P = a + bT + cT^2 + dT^3 \quad (a、b、c、d \text{ は定数}) \tag{4-13}$$

二酸化炭素の定圧モル比熱 C_p [J・K^{-1}・mol^{-1}] は次式で表される。

$$C_p = a + bT + cT^2$$

$a = 26.75$ J・K^{-1}・mol^{-1}、$b = 42.3 \times 10^{-3}$ J・K^{-2}・mol^{-1}、$c = -14.2 \times 10^{-6}$ J・K^{-3}・mol^{-1} のとき、30℃ から 400℃ における平均定圧モル比熱を求めよ。

平均比熱は次式で与えられる。

$$\overline{C}_p = \frac{\int_{T_1}^{T_2} C_p\, dT}{T_2 - T_1}$$

したがって

$$\overline{C}_p = \frac{\int_{303}^{673} (a + bT + cT^2)\, dT}{(673 - 303)}$$

$$= a + \frac{b}{2}(673 + 303) + \frac{c}{3}(673^2 + (673)(303) + 303^2)$$

$$= 26.75 + 20.642 - 3.544$$

$$= 43.848$$

平均定圧モル比熱は 43.85 J・K^{-1}・mol^{-1}

0℃、1気圧で体積 10 *l* の二酸化炭素を定圧で 100℃ まで加熱したい。必要な熱量はいくらか。

二酸化炭素の物質量は、

$$n = PV/(RT) = (101,300)(0.01)/((8.314)(273))$$
$$= 0.4463 \text{ mol}$$

必要な熱量は、

$$Q = n \int_{T_1}^{T_2} C_p dT$$

なので、例題 4-7 の式を用いて、

$$Q = n(a(T_2 - T_1) + (b/2)(T_2{}^2 - T_1{}^2) + (c/3)(T_2{}^3 - T_1{}^3))$$
$$= 0.4463((26.75)(100) + (42.3 \times 10^{-3})(373^2 - 273^2)$$
$$+ (-14.2 \times 10^{-6})(373^3 - 273^3))$$
$$= 2213.5 \text{ J}$$

反応熱

家庭で使用される都市ガスとプロパンガスを比べると、プロパンガスの火力が強いといわれる。また、ガソリン車とディーゼル車では燃費が違う。科学的にこれらの事柄を検証してみよう。

メタン CH_4 の燃焼反応は次式で表される。

$$CH_4(g) + 2\,O_2(g) \rightarrow CO_2(g) + 2\,H_2O(l) \qquad (4\text{-}14)$$

反応によるエンタルピー変化を**反応熱**あるいは特に燃焼反応の場合は**燃焼熱**とよび、ΔH [kJ/mol] は次の式から求められる。

$$\Delta H_{298} = H_{CO_2} + 2\,H_{H_2O} - H_{CH_4} - 2\,H_{O_2} \qquad (4\text{-}15)$$

発熱反応では ΔH は負となり、吸熱反応では ΔH は正となる。特に、反応前後の状態を1気圧、25℃ とした場合の反応熱を**標準反応熱** ΔH^0_{298} と呼ぶ。標準反応熱は反応に関与する物質の 25℃ における状態によって変化するので (4-14) 式では (g) (l) で気相、固相を明確にした。

反応熱は図 4-4 に示す装置を用いて反応容器の反応で発生（吸収）した熱による温度変化から決定することができる。メタン（CH_4）の燃焼熱は、$-890.8\,kJ\cdot mol^{-1}$ である。エタン（C_2H_6）では $-1560\,kJ\cdot mol^{-1}$ となり、プロパン（C_3H_8）では $-2220\,kJ\cdot mol^{-1}$ である。

メタンとプロパンは気体燃料なので同じ体積流量（モル流量）で燃焼すると、プロパンの発熱量はメタンに比べて大きいので、プロパンガスの火力が強いのは事実である。

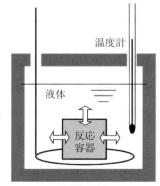

図 4-4　反応熱の測定

 図 4-4 で示した反応容器は容積が一定である。この反応容器を用いてフェノール（C_6H_5OH、固体）を燃焼させたところ、発生した熱量は、25℃において $-3051 \text{ kJ·mol}^{-1}$ であった。この反応の燃焼熱を求めよ。

一定容積の反応器（定容反応器）における定容反応熱は（4-9）式で $\Delta V = 0$ なので、$Q = \Delta U$ である。一方、大気圧下のように圧力が一定の条件における定圧反応熱は $Q = \Delta U + P\Delta V = \Delta H$ である。測定した熱量は定容反応熱であり、定圧反応熱は燃焼熱となる。両者の関係は、

$$\Delta H = \Delta U + P\Delta V = \Delta U + \Delta nRT$$

となる。

フェノールの酸化の反応式は、

$$C_6H_5OH(s) + 7\,O_2(g) \rightarrow 6\,CO_2(g) + 3\,H_2O(l)$$

である。ここで気体成分の増減は、

$$\Delta n = 6 - 7 = -1$$

したがって、燃焼熱は、

$$\Delta H = \Delta U + \Delta nRT = -3{,}051{,}000 + (-1)(8.314)(298)$$
$$= -3{,}053{,}478$$
$$\therefore \quad -3053.5 \text{ kJ·mol}^{-1}$$

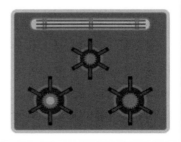

生成熱

　化学反応を用いて基準状態にある元素から化合物 1 mol を生成する場合の反応熱を特に**生成熱** ΔH_f と呼ぶ。元素の基準状態とは通常の条件で元素がもっとも安定に存在する形態で、炭素はグラファイト状態、H_2、O_2、N_2 などは気体が基準状態でそれぞれの生成エンタルピーは 0 である。例えばメタン CH_4 では、

$$C + 2\,H_2 \rightarrow CH_4$$
$$\Delta H_f = H_{CH4} - H_C - 2\,H_{H2} \tag{4-16}$$

特に、1 気圧、25℃ における生成熱を**標準生成熱** ΔH^0_f と呼ぶ。(4-16)式は

$$\Delta H_f = H_{CH4} \tag{4-17}$$

となり、1 気圧、25℃ におけるメタンのエンタルピーは標準生成熱と一致する。結果として、標準反応熱 ΔH^0_{298} は、

$$\Delta H^0_{298} = (全生成物の標準生成熱) - (全反応物の標準生成熱) \tag{4-18}$$

となる。(4-14) 式で示したメタンの燃焼反応について、各成分の標準生成エンタルピーを用いて ΔH^0_{298} を計算すると、

標準生成熱　　$CH_4(g)$ ：$-74.4\,kJ\cdot mol^{-1}$
　　　　　　　$O_2(g)$　：$0\,kJ\cdot mol^{-1}$
　　　　　　　$CO_2(g)$ ：$-393.51\,kJ\cdot mol^{-1}$
　　　　　　　$H_2O(l)$ ：$-285.83\,kJ\cdot mol^{-1}$

$$\Delta H^0_{298} = (-393.51) + 2(-285.83)) - (-74.4) = -890.77\,kJ\cdot mol^{-1}$$

となり、標準燃焼熱と一致する。

平均結合エンタルピーを用いてメタンの標準生成熱を求めよ。ただし、水素とメタンの平均結合エンタルピーは 436 kJ·mol^{-1} および 410.5 kJ·mol^{-1} とし、グラファイトの原子化（C(s、グラファイト)→C(g)）のエンタルピーは 716.7 kJ·mol^{-1} とする。

メタンの解離は、

$$CH_4(g) \rightarrow CH_3(g) + H(g)$$
$$CH_3(g) \rightarrow CH_2(g) + H(g)$$
$$CH_2(g) \rightarrow CH(g) + H(g)$$
$$CH(g) \rightarrow C(g) + H(g)$$

の4つのステップでそれぞれ結合エネルギーは異なる。これらを平均した値が平均結合エンタルピーである。また例えば H–O の平均結合エネルギーには H_2O や CH_3OH など類似の化合物の平均値が使われている。ここでは、

$$C(s、グラファイト) + 2 H_2(g) \rightarrow CH_4(g)$$

の反応式における標準生成エンタルピーを求めるので、

$$C(s、グラファイト) \rightarrow C(g)$$
$$\Delta H = 716.7 \text{ kJ·mol}^{-1}$$
$$2 H_2(g) \rightarrow 4 H(g)$$
$$\Delta H = 2 \times 436 \text{ kJ·mol}^{-1}$$
$$C(g) + 4 H(g) \rightarrow CH_4(g)$$
$$\Delta H = -4 \times 410.5 \text{ kJ·mol}^{-1}$$

したがって、

$$\Delta H_f(CH_4) = H_{CH4} = -1642 + 716.7 + 872$$
$$= -53.3 \text{ kJ·mol}^{-1}$$

であり、メタンの標準生成エンタルピーは -74.4 kJ·mol^{-1} である。

 次の反応の標準反応熱を求めよ。また、この反応は発熱反応か吸熱反応か

$$CH_4(g) + H_2O(g) \rightarrow CO(g) + 3H_2(g)$$

ただし、$CH_4(g)$、$CO(g)$と$H_2O(g)$の標準生成熱はそれぞれ $\Delta H_f(CH_4) = -74.4\ kJ \cdot mol^{-1}$、$\Delta H_f(CO) = -110.53\ kJ \cdot mol^{-1}$、$\Delta H_f(H_2O) = -241.82\ kJ \cdot mol^{-1}$ である。

$$\Delta H^0_{298} = (-110.53) - (-74.4) - (-241.82)$$
$$= 205.69\ kJ \cdot mol^{-1}$$

となり、吸熱反応である。

アウトドアの飲食物の冷却や病気で熱が出たときなどに使う冷却パックは硝酸アンモニウムが水に溶けたときの**溶解熱**が吸熱であることを利用したものであり、袋をたたけば水の袋が破れて熱を吸収する。硫酸あるいは水酸化ナトリウムを水に溶かすときには激しく発熱するので注意が必要である。

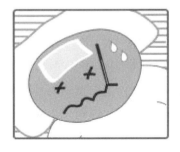

180 第4章　エネルギーと化学反応

ヘスの法則

　山登りでは、その登頂ルートや登頂時間によって人が消費するエネルギーはまったく違う。一方で反応に伴う反応熱は、反応の経路によらず、また、反応をゆっくりと進めても、瞬間に完結させても反応の最初の状態と最後の状態で決まる。これをヘスの法則という。ヘスの法則は第4章「内部エンタルピー」で述べた熱力学の第一法則から導かれるものであり、いいかえれば化学反応の前後においてもエネルギーの保存則は成り立つということである。

　エタンの熱分解反応を例にしてヘスの法則を考えてみよう。

$$C_2H_6(g) \rightarrow C_2H_4(g) + H_2(g) \tag{4-19}$$

　ヘスの法則より、反応熱は図4-5に示すように生成熱から次式を用いて計算できる。

$$\Delta H^0_{298} = (全生成物の標準生成熱) - (全反応物の標準生成熱) \tag{4-20}$$

　C_2H_6、C_2H_4 および H_2 の標準生成熱はそれぞれ、-83.8、52.5 および 0 $kJ \cdot mol^{-1}$ なので、エタンの熱分解における標準反応熱は、

$$\Delta H^0_{298} = (52.5 + 0) - (-83.8) = 136.3 \ kJ \cdot mol^{-1} \tag{4-21}$$

となる。

　(4-19) 式の各成分を燃焼させたときの熱化学方程式は次式となる。

$$C_2H_6 + (7/2)O_2 = 2CO_2 + 3H_2O + 1428 \ kJ \tag{4-22}$$

$$C_2H_4 + 3O_2 = 2CO_2 + 2H_2O + 1323 \ kJ \tag{4-23}$$

$$H_2 + (1/2)O_2 = H_2O + 242 \ kJ \tag{4-24}$$

　熱化学方程式では、熱量は1 mol 当たりの反応熱で示し、右辺の符号が正が発熱反応、負が吸熱反応を示す。標準燃焼熱 ΔH^0_{298} で示すと、それぞ

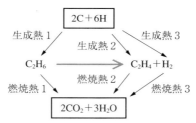

ヘスの法則より
反応熱＝(生成熱2＋生成熱3)－(生成熱1)
反応熱＝(燃焼熱1)－(燃焼熱2＋燃焼熱3)

図4-5　エタンの熱分解

れ－1428 kJ・mol^{-1}、－132 kJ・mol^{-1}および－242 kJ・mol^{-1}と負の符号で表すので注意が必要である。

ヘスの法則を適用すると、反応熱は図4-5に示すように燃焼熱から次式を用いて計算できる。

$$\Delta H^0_{298} = (全反応物の標準燃焼熱) - (全生成物の標準燃焼熱)$$
(4-25)

エタンの熱分解では標準反応熱は、

$$\Delta H^0_{298} = (-1428) - (-1323 - 242) = 137 \text{ kJ·mol}^{-1}$$
(4-26)

となり、標準生成熱から計算した値と一致した。

このように反応熱を計算で求める場合には化合物の標準生成熱や標準燃焼熱の実測データが必要である。無機化合物では標準生成熱のデータが、有機化合物では標準燃焼熱のデータが多い。

次の反応の1気圧 800℃における反応熱を求めよ。
$CH_4(g) + H_2O(g) \rightarrow CO(g) + 3H_2(g)$
各分子の標準生成エンタルピーおよび定圧モル比熱を以下に示す。

$\Delta H_f^0{}_{298}(CH_4) = -74.885 \text{ kJ·mol}^{-1}$、$\Delta H_f^0{}_{298}(H_2O) = -285.983 \text{ kJ·mol}^{-1}$、$\Delta H_f^0{}_{298}(CO) = -110.58 \text{ kJ·mol}^{-1}$、$\Delta H_f^0{}_{298}(H_2) = 0 \text{ kJ·mol}^{-1}$

$C_p(CH_4) = 14.146 + 75.496 \times 10^{-3}T - 17.991 \times 10^{-6}T^2$
$C_p(H_2O) = 30.204 + 9.933 \times 10^{-3}T + 1.117 \times 10^{-6}T^2$
$C_p(CO) = 26.5366 + 7.6831 \times 10^{-3}T - 1.1719 \times 10^{-6}T^2$
$C_p(H_2) = 29.062 - 0.820 \times 10^{-3}T + 1.9903 \times 10^{-6}T^2$

例題 4-8 より n モルの物質を T_1 から T_2 までの加熱に必要な熱量は、

$$Q = n \int_{T_1}^{T_2} C_p dT$$

である。

標準反応熱 $\Delta H^0{}_{298}$ と温度 T における反応熱 $\Delta H^{\circ}{}_T$ との関係は、

$$\Delta H^0{}_T = \Delta H^0{}_{298} + \int_{298}^{T} \Delta C_p dT$$

$\Delta C_p =$ (全生成物質の定圧モル比熱の和)
$\quad\quad -$ (全反応物質の定圧モル比熱の和)

なので、はじめに各成分の標準生成エンタルピーから標準反応熱を求める (例題 4-11)。

$$\Delta H^0{}_{298} = -110.53 - (-74.4 - 241.82)$$
$$= 205.69 \text{ kJ·mol}^{-1}$$

である。ΔC_p は、

$$\begin{aligned}\Delta C_p &= (26.5366 + 7.6831 \times 10^{-3}T - 1.1719 \times 10^{-6}T^2) \\ &\quad + (3)(29.062 - 0.820 \times 10^{-3}T + 1.9903 \times 10^{-6}T^2) \\ &\quad - (14.146 + 75.496 \times 10^{-3}T - 17.991 \times 10^{-6}T^2) \\ &\quad - (30.204 + 9.933 \times 10^{-3}T + 1.117 \times 10^{-6}T^2) \\ &= 69.3726 - 80.2059 \times 10^{-3}T + 21.673 \times 10^{-6}T^2\end{aligned}$$

したがって、温度 800℃ における反応熱は、

$$\begin{aligned}\Delta H^0_{1073} &= 205,690 + 69.3726(1073 - 298) \\ &\quad - (80.2059 \times 10^{-3}/2)(1073^2 - 298^2) \\ &\quad + (21.673 \times 10^{-6}/3)(1073^3 - 298^3) \\ &= 205,690 + 53,763.8 - 42,610.4 + 8733.6 \\ &= 225,577\end{aligned}$$

温度 800℃ の反応熱は 225.6 kJ・mol^{-1}

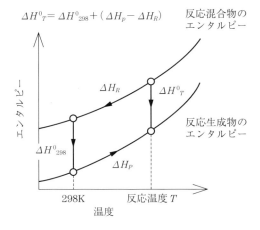

燃焼と爆発

　燃焼とは可燃物が酸素と結合して酸化反応を起こし、発熱と同時に光を発生し続ける現象であるが、近頃は「脂肪の燃焼」のように生体内の穏やかな酸化反応も燃焼と呼ぶことがある。

　燃焼には可燃物、酸素および熱の3要素が必要である。可燃物の温度を上げていき、燃焼がいったん始まると燃焼によって発生した熱によって燃焼が持続する。このような持続的な燃焼の開始を着火とよぶ。各種可燃物の着火温度を表4-1に示す。

　一般には気体燃料の着火温度は高く、燃焼に伴って炎がでる。炎は可燃物が気相中で燃焼するときに発生する現象である。液体燃料では熱によって可燃性成分が蒸発し、空気と混合することで燃焼が継続する。固体燃焼では、例えば木炭は燃焼中に一酸化炭素が発生し、これが燃焼するので炎がみられる。石炭の炭素成分は揮発分と固定炭素に分けられ、その燃焼では揮発分が多いと液体の燃焼に近い状態が続くが、燃焼の末期には炭素分が燃焼するので木炭の燃焼に近くなる。

　オイル式カイロではベンジンを白金触媒で**触媒燃焼**させ、発生する熱を利用する。ベンジンを直接燃焼させると、発火して700〜800℃となるが、

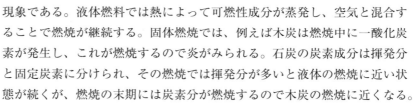

表 4-1　燃料の着火温度

燃　料	着火温度 [℃]
木　炭	320–370
石　炭	325–400
重　油	530–580
水　素	580–600
メタン	650–750
炭　素	800

触媒燃焼では130〜350℃の低温で燃焼を持続することができる。このように触媒燃焼は低温燃焼なので窒素酸化物（NO_x）の発生を抑えることができる。使い捨てカイロは鉄の酸化による発熱を利用しており、鉄粉の他に活性炭、水、

塩類が含まれている。長時間酸化して発熱が続くようにさまざまな工夫がなされている。

　可燃性ガスと空気との混合組成のある範囲では、点火すると爆発する。可燃性ガスの濃度が低すぎても高すぎても爆発はおきない。表 4-2 に主な可燃性ガスの爆発範囲を示す。家庭で使用される都市ガスとプロパンガスを例にして、爆発事故に対する対策を考えてみる。都市ガスの主成分であるメタンは空気より軽く、プロパンは空気より重い、どちらのガスも漏れたときに気がつくように着臭剤（硫黄化合物）が微量加えられているが、プロパンはガス漏れすると足元にたまるので気がつかないことが多い。したがって、安全対策で使用するガスセンサは都市ガスでは高いところに、プロパンガスでは低いところに取り付けなければならない。

　固体粒子でも微粒子にして空気中に浮遊させると粉塵爆発を起すおそれがある。アルミなどの金属は特に危険であるが、食品粉末や石鹸でも微粉にすると爆発の危険性がある。

表 4-2　燃料の爆発範囲

燃　料	爆発範囲 [vol%]
水　素	4.0〜75.0
一酸化炭素	12.5〜74.0
メタン	5.0〜15.0
プロパン	2.1〜9.5
メタノール	6.0〜36.0
エタノール	3.3〜19.0
n-オクタン	1.0〜 6.5

 なぜ都市ガスの主成分であるメタンは空気より軽く、プロパンガスは空気より重いのか。

ある体積 V に含まれる気体の物質量 n を、その気体の質量 W と分子量 M で表すと、$n=W/M$ となる。そこで気体の状態方程式（2-35）式は、

$$PV = nRT = (W/M)RT$$

気体の密度 ρ_G は W/V なので、上式を変形すると、

$$\rho_G = W/V = PM/RT$$

となり、温度、圧力が一定であれば気体の密度は分子量に比例する。したがってメタン（CH_4）は分子量 16、プロパン（C_3H_8）は分子量 44 に対して空気の分子量は［例題 2-20］で示したように 29 なので、空気に比べてメタンは軽く、プロパンは重い。

プロパンとブタンを主成分とする液化石油ガス（LPG）は常温常圧では気体であるが、圧力を加えたり冷却することによって簡単に液体になる。家庭用スプレー缶には環境対策として不燃性のフロンにかわって可燃性のLPGやジメチルエーテルなどの液化ガスが使用されており、取扱いや処分に注意が必要である。

第5章

反応装置のデザイン

　私たちの身近には反応器と呼ばれるものを見ることはめ
ったにない。しかし、学校で行う化学実験で用いるビーカ
ーやフラスコはもっとも簡単な反応器である。料理に用い
る鍋、フライパン、炊飯器などは食品中に含まれる成分が化
学変化するので、これらも反応器である。鉄をつくる高炉は
高さ100 m、重さは1000トンを越える巨大な反応器であり、
重油を分解してガソリン留分をつくる流動層反応器など産
業界では多くの種類の反応器が活躍している。生物化学反
応を行うバイオリアクターや数100 μmの流路を反応場と
するマイクロリアクターはますます発展すると思われる。
　この章では均相の流体反応で反応器内では温度が一定で
あるという条件に絞って、反応装置をデザインする基礎的
な方法について詳細に解説した。実際の反応装置のデザイ
ンをするためには物質移動や熱移動などを考慮して解析し
た「反応工学」を学習されることをお薦めする。

いろいろな化学反応

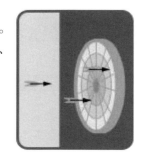

　反応装置のデザインを行うためには対象とする化学反応の特性を理解することが重要である。化学反応は非常にバラエティに富んでいるので、ここでは反応装置デザインの基礎を十分に理解するために化学反応および反応条件を絞りこむことにする。

　化学反応が均質な1つの相で起こるときには**均一反応**といい、2つ以上の相が存在するときには**不均一反応**と呼ぶ。ここでは均一反応の中で気相反応と液相反応を対象とする。化学反応は反応熱を伴うので反応熱が大きい場合には反応装置内の温度を一定にすることは容易ではない。反応装置内で温度分布がある非等温反応系では、物質収支とともに熱収支を連立させて解いて設計をする必要がある。本書では反応装置内の温度が一定とした**等温反応**について装置デザインを行う。

　反応装置内の反応特性に流れと混合は大きく影響する。実際の反応装置では内部を撹拌するとき、流体の物性と撹拌の速度によって混合の強さは千差万別となる。これに対して理想的な流れの状態として、混合が瞬間的に起こる**完全混合流れ**と装置内でまったく混合しない**押し出し流れ**の両極端の状態がある。本書では理想的な流れについて装置デザインを行う。理想的な流れの反応器の特性を理解できれば、これを拡張して非理想流れの反応器へ適用できる。図5-1には化学反応の分類を示す。アミかけしたカラムは本書で取り扱う範囲である。

　均一系の単一反応として a モルのA分子と b モルのB分子が反応して、c モルのC分子と d モルのD分子が生成する反応について考える。

$$aA + bB \rightarrow cC + dD \tag{5-1}$$

　反応装置のデザインでは着目する分子の物質収支をとることにするので、

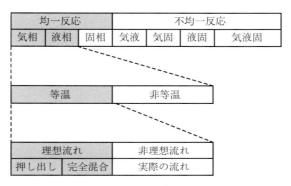

図5-1　化学反応の分類

本書ではA分子に着目し、A分子の反応速度 r_A について解析を行う。A分子は反応とともに消失するので r_A は負の値を持つ。反応で生成するC分子やD分子の反応速度は正の値を持つ。A分子が a モル反応で消失すると、C分子は c モル生成するので、各分子の反応速度には以下の関係が成り立つ。

$$r_A/(-a) = r_B/(-b) = r_C/c = r_D/d = r \tag{5-2}$$

反応器内では (5-1) 式で示す単一反応が起こる場合と、2つ以上の反応が起こる複合反応がある。複合反応の形態はさまざまであるが、基本的な形式としては次に示す**逐次反応**と**並発反応**がある。

$$逐次反応 \quad A \rightarrow R \rightarrow S \tag{5-3}$$
$$並発反応 \quad A \rightarrow R, A \rightarrow S \tag{5-4}$$

(5-1)、(5-3) および (5-4) 式の化学反応は、一方向への反応は起こるが、逆の方向への反応は起こらないので**不可逆反応**という。一方、次式に示すように両方向に反応が起こる反応を**可逆反応**という。

$$A \leftrightarrows B \tag{5-5}$$

可逆反応では十分な時間反応を進めると、それ以上時間が経過しても各物質の物質量に変化がない**平衡状態**となる。

 A→2B→C で表される液相反応で A→2B の反応速度を r_1、B→0.5C の反応速度を r_2 とするとき、B の生成速度を r_1 と r_2 を用いて表せ。

(5-2) 式より、

$$(-r_A) = r_B/2 = r_1$$

A→2B における成分 B の生成速度 r_B は $2r_1$ である。
同様に (5-2) 式より、B→0.5C における成分 B の消失速度 $-r_B$ は、

$$(-r_B) = r_C/0.5 = r_2$$

成分 B の消失速度 r_B は $-r_2$ である。
したがって逐次反応 A→2B→C における成分 B の生成速度 r_B は、

$$r_B = 2r_1 - 2r_2$$

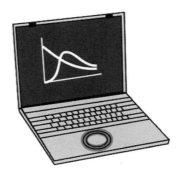

反応率について

反応装置はあまり身近には目にしないものである。家庭で鍋を用いてスープを作るとき、食材は加熱することで化学反応をしているので鍋はもっとも簡単な反応装置かもしれない。図 5-2(a)に示すように反応容器に原料となる物質を加えた後、加熱、撹拌し、ある一定時間経過した後で製品を回収する操作を**回分操作**といい、回分操作を行う反応器を**回分反応器**と呼ぶ。また図 5-2(b)のように原料を連続的に反応装置に供給して、装置出口から製品を連続的に取り出す操作は**連続操作**といい、この反応器は**連続反応器（流通反応器）**と呼ぶ。

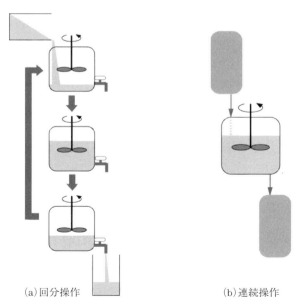

(a)回分操作　　　　　　　(b)連続操作

図 5-2　回分操作と連続操作

192　第5章　反応装置のデザイン

　ものを作るときにはどのくらいの速度で製品ができるかを知ることは重要であり、このために反応器の大きさと原料の濃度、組成を決めて、回分操作をすると何時間経過したら反応をとめて製品を回収できるかという情報が必要である。また、連続操作では出口で製品が確実に合成されており、その生産速度を確保するためには流量と原料濃度を決める必要がある。反応装置のデザインとは操作の条件を決めて、これらのアウトプットを明確にすることであり、そのためには反応装置内で反応がどの程度進行しているかを決めなければならない。反応の進行を示すパラメータとして次式に示す反応率 x_A を使う。ここで x_A 中の A は（5-1）式の反応式で示す成分を示す。

$$x_A = (n_{A0} - n_A)/n_{A0} \tag{5-6}$$

ここで、回分反応器では反応開始時に原料溶液に存在する成分 A の物質量を n_{A0} [mol] とし、ある時間経過した後に反応器内に残る成分 A の物質量を n_A [mol] とする。

　液相反応では多くの場合には大量の溶媒が加えられているので、回分反応器内の反応液の体積は反応が進んでも蒸発しなければ一定である。したがって反応液の体積を V [m³] として（5-6）式を変形すると、

$$x_A = ((n_{A0}/V) - (n_A/V))/(n_{A0}/V) = (C_{A0} - C_A)/C_{A0} \tag{5-7}$$

となり、反応率 x_A を直接測定が可能な濃度 C_{A0} [mol·m⁻³] と C_A [mol·m⁻³] で表すことができる。

　連続反応器の場合の反応率 x_A は、反応器入口および反応器出口の成分 A に着目した物質量流量 F_{A0} [mol·s⁻¹] と F_A [mol·s⁻¹] を用いると次式となる。

$$x_A = (F_{A0} - F_A)/F_{A0} \tag{5-8}$$

　物質量流量 F_{A0} と F_A は入口と出口の体積流量 v_0 と v を測定し、また液に含まれる成分 A の濃度 C_{A0} と C_A を測定すれば、$F_{A0} = v_0 C_{A0}$ と $F_A = v C_A$ の関係から決定できる。

 2A+B→C+D で表される液相反応を成分 A の初濃度 $C_{A0}=400$ mol·m^{-3}、成分 B の初濃度 $C_{B0}=100$ mol·m^{-3} の条件で行った。
十分に時間を経過した後、到達可能な成分 A の反応率はいくらか。

十分に時間を経過すると成分 A は完全に消失するので $C_A=0$ となり、反応率 $x_A=1$ である。

とこれでは問題が簡単すぎないか。ということで成分 A が 100% 反応した場合を仮定すると、成分 A は 400 mol·m^{-3} 消失する。この反応で成分 A が 2 モル消失するときに、成分 B は 1 モルが消失するので成分 B は 200 mol·m^{-3} 消失する。しかし、成分 B の初濃度は 100 mol·m^{-3} であり、成分 B が不足している。

答えは十分に時間を経過すると成分 A は完全に消失するのではなく、その前に成分 B が完全に消失する。成分 B が 100 mol·m^{-3} 消失するとき、成分 A は 200 mol·m^{-3} 消失するので、成分 A の反応率 x_A は、

$$x_A=(400-200)/400=0.5$$

となる。

反応装置のデザインでは、反応に関与する成分の中で特定のひとつの成分について解析を行えば、その他の成分の挙動は量論関係から明らかになる。この特定の一成分を限定反応成分と呼ぶ。この例題で明らかなように量論比（この例では $a:b=2:1$）に対する成分の物質量の比（この例では $C_{A0}:C_{B0}=4:1$ なので $C_{A0}/a:C_{B0}/b=2:1$）がもっとも過小な成分を限定反応成分として選択する。

194 第 5 章 反応装置のデザイン

液相反応の濃度変化

　回分反応器を用いて液相反応を行ったとき、時間 t を経過した後の成分
A の物質量 n_A は（5-6）式を変形すると、反応率 x_A の関数として表すこ
とができる。

$$n_A = n_{A0}(1 - x_A) \tag{5-9}$$

　逆に、反応で消失した成分 A の物質量は $n_{A0}x_A$ である。それでは（5-
1）式に示す成分 B、C および D の反応開始時の物質量をそれぞれ、n_{B0}、
n_{C0} および n_{D0} とし、これ以外に反応に関係しない不活性成分 I が n_{I0} モル
存在しているとき、時間 t 経過した後の成分 B の物質量について考える。
成分 A が 1 モル消失すると成分 B は b/a モル消失するので、残存する成
分 B の物質量 n_B は、

$$n_B = n_{B0} - (b/a)n_{A0}x_A = n_{A0}[\theta_B - (b/a)x_A] \tag{5-10}$$

ここに $\theta_B = n_{B0}/n_{A0}$ である。
　成分 C と D は A が消失するとともに生成するので、

$$n_{C0} = n_{C0} + (c/a)n_{A0}x_A = n_{A0}[\theta_C + (c/a)x_A] \tag{5-11}$$

$$n_{D0} = n_{D0} + (d/a)n_{A0}x_A = n_{A0}[\theta_D + (d/a)x_A] \tag{5-12}$$

　ここに、$\theta_C = n_{C0}/n_{A0}$、$\theta_D = n_{D0}/n_{A0}$ である。不活性成分 I は反応をして
も物質量は変化しないので、

$$n_I = n_{I0} = \theta_I n_{A0} \tag{5-13}$$

　液相反応では（5-7）式で説明したように反応液の容積が一定（定容
系）なので、濃度についても以下の関係が成り立つ。

$$C_A = C_{A0}(1 - x_A) \tag{5-14}$$

液相反応の濃度変化 **195**

$$C_B = C_{B0} - (b/a)C_{A0}x_A = C_{A0}[\theta_B - (b/a)x_A] \tag{5-15}$$

$$C_C = C_{C0} + (c/a)C_{A0}x_A = C_{A0}[\theta_C + (c/a)x_A] \tag{5-16}$$

$$C_D = C_{D0} + (d/a)C_{A0}x_A = C_{A0}[\theta_D + (d/a)x_A] \tag{5-17}$$

$$C_I = C_{I0} = \theta_I C_{A0} \tag{5-18}$$

温度一定の条件で A+2B→2C+D の液相反応を行った。原料液体の成分 A と B の初濃度はそれぞれ C_{A0}=100 mol·m^{-3}、C_{B0}=400 mol·m^{-3} であり、原料液には C と D は含まれていない。反応後に成分 A の濃度が 20 mol·m^{-3} となった。反応後の成分 B、C、D の濃度を求めよ。

成分 A の反応率 x_A は、

$$x_A = (100-20)/100 = 0.8$$

成分 B、C、D の濃度は (5-15)～(5-17) 式より、

$$C_B = C_{B0} - (b/a)C_{A0}x_A = 400 - (2)(100)(0.8) = 240 \text{ mol·m}^{-3}$$

$$C_C = C_{C0} + (c/a)C_{A0}x_A = (2)(100)(0.8) = 160 \text{ mol·m}^{-3}$$

$$C_D = C_{D0} + (d/a)C_{A0}x_A = (1)(100)(0.8) = 80 \text{ mol·m}^{-3}$$

気相反応の濃度変化

　気相反応を密閉された反応器（定容反応器）で行う場合には、液相反応と同様に取り扱うことができるので濃度変化は（5-14）式から（5-18）式が適用できる。一定圧力で操作する連続反応器（定圧反応器）では（5-1）式の反応式で各成分がすべて気体の場合には反応の進行に伴って $(a+b) > (c+d)$ のときは体積が減少し、$(a+b) < (c+d)$ のときは体積が増加する。したがって反応の進行とともに物質量と体積がともに変化するので濃度変化は反応率だけでは決まらない。

　体積の変化を予測するためには一定時間反応した後の全成分の物質量 n_t を知る必要がある。（5-9）〜（5-13）式を使うと、全成分の物質量 n_t は、次のように表せる。

$$
\begin{aligned}
n_t &= n_{A0} + n_{B0} + n_{C0} + n_{D0} + n_{I0} + [(-a-b+c+d)/a]n_{A0}x_A \\
&= n_{t0} + [(-a-b+c+d)/a]n_{A0}x_A \\
&= n_{t0}[1 + ((-a-b+c+d)/a)(n_{A0}/n_{t0})x_A] \\
&= n_{t0}(1 + \delta_A y_{A0} x_A) \\
&= n_{t0}(1 + \varepsilon_A x_A)
\end{aligned}
\tag{5-19}
$$

　ここで、δ_A、y_{A0}、ε_A は、

$$
\delta_A = (-a-b+c+d)/a
\tag{5-20}
$$

$$
y_{A0} = n_{A0}/n_{t0}
\tag{5-21}
$$

$$
\varepsilon_A = \delta_A y_{A0}
\tag{5-22}
$$

である。温度と圧力が一定のとき、反応開始時の物質量 n_{t0} と体積 V_0 の関係および反応進行時の物質量 n_t と体積 V の関係は気体の状態方程式より、

$$PV_0 = n_{t0}RT \tag{5-23}$$

$$PV = n_t RT \tag{5-24}$$

(5-19) 式、(5-23) 式、(5-24) 式より反応進行時の体積 V は、

$$\begin{aligned}V &= V_0(n_t/n_{t0}) \\ &= V_0(1 + \varepsilon_A x_A)\end{aligned} \tag{5-25}$$

となる。反応の進行に伴う成分 A の物質量の変化は (5-9) 式より $n_A = n_{A0}(1-x_A)$ であり、体積の増加は (5-25) 式より $V = V_0(1+\varepsilon_A x_A)$ なので、濃度 C_A は、

$$\begin{aligned}C_A &= [n_{A0}(1-x_A)]/[V_0(1+\varepsilon_A x_A)] \\ &= (n_{A0}/V_0)(1-x_A)/(1+\varepsilon_A x_A) \\ &= C_{A0}(1-x_A)/(1+\varepsilon_A x_A)\end{aligned} \tag{5-26}$$

同様にして C_B、C_C、C_D、C_I は次式となる。

$$C_B = C_{A0}[\theta_B - (b/a)x_A]/(1+\varepsilon_A x_A) \tag{5-27}$$

$$C_C = C_{A0}[\theta_C + (c/a)x_A]/(1+\varepsilon_A x_A) \tag{5-28}$$

$$C_D = C_{A0}[\theta_D + (d/a)x_A]/(1+\varepsilon_A x_A) \tag{5-29}$$

$$C_I = C_{A0}\theta_I/(1+\varepsilon_A x_A) \tag{5-30}$$

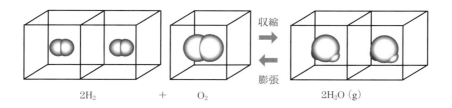

 気相反応を定圧反応器で行うとき、反応率 x_A およびその dx_A/dC_A を濃度の関数として示せ。

反応率と濃度の関係は (5-26) 式より、$C_A = C_{A0}(1-x_A)/(1+\varepsilon_A x_A)$ なのでこれを変形すると、

$$x_A = \frac{C_{A0} - C_A}{C_{A0} + \varepsilon_A C_A}$$

微分をすると、

$$\frac{dx_A}{dC_A} = \frac{(-1)(C_{A0} + \varepsilon_A C_A) - (C_{A0} - C_A)(\varepsilon_A)}{(C_{A0} + \varepsilon_A C_A)^2}$$

$$= -\frac{C_{A0}(1+\varepsilon_A)}{(C_{A0} + \varepsilon_A C_A)^2}$$

〈微分のヒント〉

微分の公式として $u = f(x)$、$v = g(x)$ が微分可能で、その微分値を u'、v' とすると、

$$(uv)' = u'v + uv'$$

$$\left(\frac{u}{v}\right)' = \frac{u'v - uv'}{v^2}$$

 温度、圧力一定の条件で A+3B→6C の気相反応を行った。反応前に原料中には濃度 100 mol·m^{-3} の成分 A、濃度 200 mol·m^{-3} の成分 B に加えて濃度 100 mol·m^{-3} の不活性成分 I が含まれており、反応後には成分 A の濃度が 40 mol·m^{-3} となった。反応率 x_A、x_B および反応後の成分 B の濃度を求めよ。

はじめに ε_A を求めるために、
$$\delta_A = (-1-3+6)/1 = 2$$
$$y_{A0} = 100/(100+200+100) = 0.25$$
$$\varepsilon_A = \delta_A y_{A0} = 0.5$$

(5-26) 式、$C_A = C_{A0}(1-x_A)/(1+\varepsilon_A x_A)$ より、
$$40 = 100(1-x_A)/(1+0.5\,x_A)$$
を解くと、$x_A = 0.5$

C_B は (5-27) 式より、
$$\begin{aligned}C_B &= C_{A0}[\theta_B - (b/a)x_A]/(1+\varepsilon_A x_A)\\ &= 100((200/100)-(3/1)(0.5))/(1+(0.5)(0.5))\\ &= 40\end{aligned}$$

x_B は反応率の定義から、
$$\begin{aligned}x_B &= (n_{B0}-n_B)/n_{B0} = (C_{B0}V_0 - C_B V)/C_{B0}V_0\\ &= (C_{B0}V_0 - C_B V_0(1+\varepsilon_A x_A))/C_{B0}V_0\\ &= (C_{B0} - C_B(1+\varepsilon_A x_A))/C_{B0}\\ &= (200-40(1+(0.5)(0.5)))/200\\ &= 0.75\end{aligned}$$

したがって、$x_A = 0.5$、$x_B = 0.75$、$C_B = 40$ mol·m^{-3}

反応を伴う物質収支

第1章「バランス感覚をきたえよう」では、ダムの水量についての物質収支は、

$$\text{流入の流量}A = \text{流出の流量}B + \text{蓄積速度}C \quad (1\text{-}4)$$

となった。ダムに生息する魚の数の収支も (1-4) 式で表すことができる。もし、ダムの中で魚が水鳥によって捕食されて数を減らすと (1-4) 式の収支式は成立しない。(1-4) 式に新たにダム内でのアクシデントによる消失速度を加えなければならない。逆にダムの中で魚が繁殖した場合には生成速度を加えなければならない。したがって収支式は、

$$\text{流入速度} = \text{流出速度} + \text{蓄積速度} + \text{消失速度} \quad (5\text{-}31)$$

ダムを反応装置に置き換えて物質収支を考えると、原料流体が流量 v_1 [m³·s⁻¹] で容積 V [m³] の反応装置に流れ込み、反応後の流体が流量 v_2 [m³·s⁻¹] で流出すると (1-4) 式は次式となる。

$$v_1 = v_2 + dV/dt \quad (5\text{-}32)$$

原料流体中に反応に関与する成分 A がモル流量 F_1 [mol·s⁻¹] で容積 V [m³] の反応装置に流れ込み、反応後には成分 A がモル流量 F_2 [mol·s⁻¹] で流出するとき、反応装置内の成分 A の物質量を n、成分 A の消失速度を G とすると、(5-31) 式の物質収支式は、

$$F_1 = F_2 + dn/dt + G \quad (5\text{-}33)$$

反応装置内の成分 A の濃度が一定であれば、反応速度 r も一定となるので生成速度 G は、次式となる。

$$G = rV \quad (5\text{-}34)$$

 A+B→Rで表される液相反応を反応器で行うとき、はじめにBの溶液（体積 V_0）を反応器に仕込み、この中に濃度 C_{A0} のAの溶液を体積流量 v_0 で供給しながら反応するとする。反応器内のAの物質量が n_A、反応速度が $(-r_A)$ のとき、物質収支はどう書けるか。

このような反応操作を半回分操作といい、物質収支は（5-33）式より、

流入速度　$F_1 = C_{A0} v_0$
流出速度　$F_2 = 0$
蓄積速度　dn_A/dt
消失速度　$(-r_A)V(t)$

ここに反応器内の反応混合液の体積 $V(t)$ は時間の関数で次式となる。

$$V(t) = V_0 + v_0 t$$

したがって、物質収支は、

$$C_{A0} v_0 = 0 + dn_A/dt + (-r_A)(V_0 + v_0 t)$$

である。

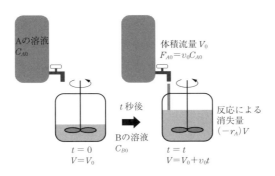

半回分操作

理想的な流れ

　図5-2で紹介した回分反応器や連続反応器は、タンクに原料を入れてこれを撹拌する方式のもので、槽型反応器と呼ばれる。実際の槽型反応器であれば、その撹拌には限度があり、混合も完全ではない。そのために反応器内では成分濃度に分布が見られる。反応装置の基礎的なデザインを行う際には理想的な流れとして瞬間的に混合が起こり、反応器内の濃度が均一となる完全混合流れを仮定して装置のデザインを行う。

　連続反応器の中でも図5-3に示すような管型反応器では理想的な流れとして押し出し流れを仮定する。この流れは完全混合流れとは逆に反応器内ではまったく混合がない。そのため反応流体は円筒状の形状を維持したままピストンで押し出されるように流れる。

　複数の成分からなる反応を押し出し流れの管型反応器で行うと、反応器内で混合がなければ反応が進行しないように思われる。管型反応器では流れの方向には混合がないが、流れに垂直な半径方向では完全混合の状態であるとすれば、断面の濃度は均一であり反応が進行する。このように反応装置のデザインでは原料を供給すると同時に原料は完全に混合されることを前提として、装置内の混合が反応にどのように影響するかについて解析する。

　実際の反応器では混合は完全ではないので、液体原料で特に粘性が大きい場合には、反応器は原料混合と反応の両方の機能を持つ。したがって、

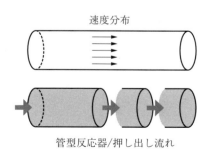

図5-3　押し出し流れ

原料が早く混合するように工夫し、設計することが必要である。一方、理想流れ系の反応器では瞬間的に混合するので、原料を混合することは考慮に入れない。

完全混合流れの連続反応器（連続槽型反応器、体積 V [m³]）に流体を体積流量 v [m³·s⁻¹] で定常的に流した状態を保ち、ある瞬間（この時刻を $t=0$ とする）に反応に関与しない微量成分を注入し、この時刻から、反応器出口における微量成分濃度を測定した。微量成分濃度と時間の関係はどうなるか。

微量成分の出口濃度を C として物質収支をとる。ただし、$t=0$ では $C=C_0$ とする。

時間 $t>0$ では微量成分は反応器に流入しないので、

　　　　流入速度　$F_1=0$

　　　　流出速度　$F_2=vC$

反応器内の物質量 n は $t=0$ では $n=VC_0$ であり、反応器出口から微量成分の流出が続くので、

　　　　蓄積速度　$dn/dt = VdC/dt$

微量成分は反応器内で反応しないので、

　　　　生成速度　$G=0$

したがって、

$$0 = vC + VdC/dt + 0$$

より、

$$dC/dt = -(v/V)C = -(1/\tau)C$$

ここに、$V/v = \tau$ とおき、この微分を $t=0$ で $C=C_0$ の条件で解くと、以下の式となり、下図に示すように時間とともに微量成分の濃度が次第に減少する。

$$C = C_0 e^{-(t/\tau)}$$

なお、押出し流れの管型反応器では、$V/v(=\tau)$ の時間で微量成分が一挙に流出する。

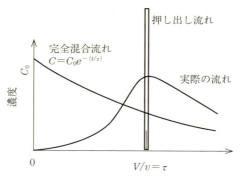

反応装置のパターン

　ここまで説明をしてきた回分反応器、連続槽型反応器および管型反応器について、反応器の形状、操作方法、混合状態、反応器内の濃度分布、濃度変化について整理して表5-1に示す。

表5-1　反応装置の特性

流体の流入、流出	なし	あり	あり
操作名称	回分操作	連続操作 （流通式操作）	連続操作 （流通式操作）
反応器形状	槽　型	槽　型	管　型
反応器名称	回分槽型 回分反応器	連続槽型 連続槽型反応器	連続管型 管型反応器
混合状態	完全混合 瞬間的に混合	完全混合 瞬間的に混合	押し出し 混合なし
反応器内の濃度	槽内では均一 時間とともに変化する	槽内は均一 時間とともに変化しない	槽内は不均一 時間とともに変化しない
設計方程式	微分型	積分型	微分型

回分反応器のデザイン

回分反応器では装置内の濃度は均一であるが時間とともに変化する。ここでは体積 V の反応器に初濃度 C_{A0} の原料を加えて反応を開始し、反応速度 r_A のとき t 時間経過した後の成分 A の濃度 C_A を明らかにする。そのためには (5-33) 式の物質収支を利用する。

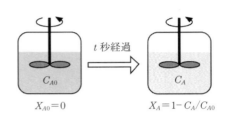

$$F_1 = F_2 + dn/dt + G$$

回分反応器では流体の流入と流出はないので $F_1 = F_2 = 0$ である。(5-34) 式 ($G = (-r_A)V$、r_A は負の値) を代入すると、

$$-dn_A/dt = (-r_A)V \tag{5-35}$$

液相反応 (定容反応) では V は一定なので (5-35) 式は、

$$-d(n_A/V)/dt = -dC_A/dt = -r_A \tag{5-36}$$

この式を $t=0$ で $C_A = C_{A0}$、$t=t$ で $C_A = C_A$ の条件で積分をすると、

$$t = \int_{C_{A0}}^{C_A} \frac{dC_A}{r_A} = \int_{C_A}^{C_{A0}} \frac{dC_A}{-r_A} \tag{5-37}$$

である。(5-14) 式より、$C_A = C_{A0}(1-x_A)$ の関係から $dC_A = -C_{A0}dx_A$ となり、これらを (5-36) 式に代入すると、

$$C_{A0}(dx_A/dt) = -r_A \tag{5-38}$$

$C_{A0}(x_A=0)$ から $C_A(x_A=x_A)$ まで積分すると、

$$t = C_{A0} \int_0^{x_A} \frac{dx_A}{-r_A} \tag{5-39}$$

(5-37) 式あるいは (5-39) 式から回分反応器の濃度が C_A あるいは反応率が x_A となるまでの反応時間 t を知ることができる。

定圧系回分反応器を用いて気相反応を行うとき、成分 A の濃度と反応時間あるいは反応率と反応時間の関係を求めよ。

気相反応では (5-9) 式の $n_A = n_{A0}(1-x_A)$ より $dn_A = -n_{A0}dx_A$ と (5-25) 式の $V = V_0(1+\varepsilon_A x_A)$ を回分反応器の基礎方程式 (5-35) 式に代入すると、

$$-dn_A/dt = (-r_A)V$$

$$n_{A0}dx_A/dt = (-r_A)V_0(1+\varepsilon_A x_A)$$

$$((n_{A0}/V_0)/(1+\varepsilon_A x_A))dx_A/dt$$

$$= (C_{A0}/(1+\varepsilon_A x_A))dx_A/dt$$

$$= (-r_A)$$

この式を $t=0$ で $x_A=0$、$t=t$ で $x_A=x_A$ の条件で積分をすると、

$$t = C_{A0}\int_0^{x_A} \frac{dx_A}{(1+\varepsilon_A x_A)(-r_A)}$$

 A→B の液相反応を回分反応器で行う。反応速度が成分 A の濃度 C_A の 0 次（$-r_A=k$）と 1 次（$-r_A=kC_A$）のとき、反応率 $x_A=0.5$ となる時間（半減期）はいくらか。

0 次反応の場合、$-r_A=k$ なので（5-39）式は、

$$t = C_{A0}\int_0^{x_A}\frac{dx_A}{-r_A} = \left(\frac{C_{A0}}{k}\right)\int_0^{x_A} dx_A$$

$$= \left(\frac{C_{A0}}{k}\right)\left[x_A\right]_0^{x_A} = C_{A0}x_A/k$$

より、$x_A=0.5$ を代入すると半減期 $t=0.5\,C_{A0}/k$ であり、半減期は成分 A の濃度に比例する。

1 次反応の場合、$-r_A=kC_A=kC_{A0}(1-x_A)$ なので（5-39）式は、

$$t = C_{A0}\int_0^{x_A}\frac{dx_A}{-r_A} = \left(\frac{C_{A0}}{kC_{A0}}\right)\int_0^{x_A}\frac{dx_A}{1-x_A}$$

$$= \left(\frac{1}{k}\right)\left[-\ln(1-x_A)\right]_0^{x_A} = -(1/k)\ln(1-x_A)$$

より、$x_A=0.5$ を代入すると半減期 $t=\ln 2/k$ であり、半減期は成分 A の濃度に無関係である。

〈積分のヒント〉

$\int\frac{dx}{x}=\ln x+C$ から $\int\frac{dx}{1-x}$ の積分をするには $1-x=t$ とすると $-dx=dt$ なので、$\int\frac{dx}{1-x}=-\int\frac{dt}{t}=-\ln t+C=-\ln(1-x)+C$ となる。

管型反応器のデザイン

　管型反応器では反応流体が押し出し流れで流れているので、一般には反応器入口近傍では濃度が高く、反応が急激に進行する。流体が反応器の内部へ流入していくとともに濃度が低下するので図5-4に示すような濃度分布を生じる。したがって管型反応器では反応が均一に起こらないので (5-33) 式の物質収支を管型反応器全体で適用することができない。そこで図5-4に示すように管型反応器の入口から体積が $V[\mathrm{m}^3]$ 離れた箇所にある体積 $\Delta V[\mathrm{m}^3]$ のスライス（微小領域）について物質収支をとることにする。この微小領域の物質収支を反応器の入口から出口まで積分すれば、管型反応器全体の物質収支をとることができる。

　管型反応器入口における成分 A の流入速度を F_{A0}、出口の流出速度を F_A とする。次に体積 ΔV の微小領域への流入速度を $F_A(V)$、流出速度を $F_A(V+\Delta V)$ で表す。成分 A の流出速度は反応器体積 V の関数として考えると流出速度の変化速度は dF/dV で表すことができ、体積 ΔV の微小領

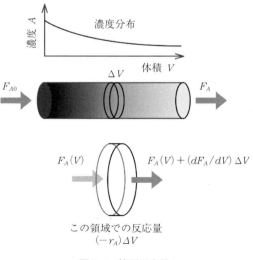

図 5-4　管型反応器

域における変化量は $(dF_A/dV)\,\Delta V$ となる。この微小領域では濃度分布を無視することができるので微小領域内の成分 A の消失速度は $(-r_A)\,\Delta V$ となる。微小領域では時間とともに成分 A の濃度は変化しないので蓄積速度 dn/dt は 0 となる。以上をまとめると、

$$流入速度 = F_A(V)$$
$$流出速度 = F_A(V + \Delta V) = F_A(V) + (dF_A/dV)\,\Delta V$$
$$消失速度 = (-r_A)\,\Delta V$$
$$蓄積速度 = 0$$

したがって、

$$F_A(V) = F_A(V) + (dF_A/dV)\,\Delta V + (-r_A)\,\Delta V \tag{5-40}$$

となり、この式を整理すると、

$$-(dF_A/dV) = -r_A \tag{5-41}$$

(5-8) 式より、$F_A = F_{A0}(1-x_A)$ であり、$dF_A = -F_{A0}dx_A$ を代入すると、

$$F_{A0}(dx_A/dV) = -r_A \tag{5-42}$$

となる。この式を積分すると、

$$\frac{V}{F_{A0}} = \int_0^{x_A} \frac{dx_A}{-r_A} \tag{5-43}$$

ここで、管型反応器入口の体積流量を $v_0[\mathrm{m^3 \cdot s^{-1}}]$ とすると、$F_{A0} = v_0 C_{A0}$ の関係から (5-43) 式は、

$$\tau = \frac{V}{v_0} = C_{A0}\int_0^{x_A} \frac{dx_A}{-r_A} \tag{5-44}$$

となる。ここで V/v_0 は時間の単位を持ち、管型反応器では成分 A が反応器の入口から出口まで滞留する時間を示す。連続反応器の操作を行う上で重要なパラメータであり、空間時間 $\tau\,(=V/v_0)$ と呼ぶ。

回分反応器の (5-39) 式の時間 t を空間時間 τ に置き換えれば、管型反応器の (5-44) 式になる。反応器の特性は大きく異なり、得られる結果の解釈も異なるが積分などの数学的取り扱いは同じである。

初濃度 1000 mol·m^{-3} で成分 A を含む反応液を容積 2 l の管型反応器に供給し、2 A→R の液相反応を行う。反応速度が $-r_A = 5 \times 10^{-5} C_A^2$ であり、反応液の体積流量が 0.5 l/min のとき反応器出口における A の濃度はいくらか。ただし反応速度定数の単位は [m^3·mol^{-1}·s^{-1}] である。

(5-44) 式に $-r_A = kC_A^2 = kC_{A0}^2(1-x_A)^2$ を代入して積分を行うと、

$$\tau = \frac{V}{v_0} = \frac{1}{kC_{A0}} \int_0^{x_A} \frac{dx_A}{(1-x_A)^2} = \frac{1}{kC_{A0}} \left[\frac{1}{1-x_A} \right]_0^{x_A}$$

$$= \left(\frac{1}{kC_{A0}} \right) \left(\frac{x_A}{1-x_A} \right)$$

数値を代入して x_A を決定すると、

$$(0.002/(5 \times 10^{-4}/60)) = (1/((5 \times 10^{-5})(1000)))(x_A/(1-x_A))$$

より、$x_A = 0.923$

$$C_A = C_{A0}(1-x_A) = 1000(1-0.923) = 77 \text{ mol·m}^{-3}$$

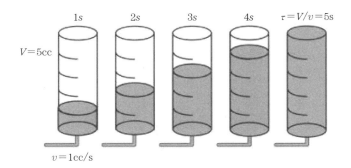

 初濃度 100 mol·m^{-3} の成分Aと初濃度 200 mol·m^{-3} の成分Bを含む反応液を体積流量 400 l/min で管型反応器に供給し、A+B→R の液相反応を行う。反応速度は $-r_A = 0.02\, C_A C_B$ である。反応率 x_A を 0.998 にするには反応器の体積をいくらにすればよいか。ただし反応速度定数の単位は [m^3·mol^{-1}·s^{-1}] である。

(5-14) 式の $C_A = C_{A0}(1-x_A)$ と (5-15) 式の $C_B = C_{A0}[\theta_B - (b/a)x_A]$ を反応速度式に代入すると、

$$-r_A = kC_A C_B = kC_{A0}^2 (1-x_A)[\theta_B - (b/a)x_A]$$

となり、これを (5-44) 式に代入して積分を行うと、

$$\tau = \frac{V}{v_0} = \frac{1}{kC_{A0}} \int_0^{x_A} \frac{dx_A}{(1-x_A)(\theta_B - (b/a)x_A)}$$

$$= \frac{1}{kC_{A0}(\theta_B - (b/a))} \left(\int_0^{x_A} \frac{dx_A}{1-x_A} - \int_0^{x_A} \frac{(b/a)dx_A}{(\theta_B - (b/a)x_A)} \right)$$

$$= \frac{1}{kC_{A0}(\theta_B - (b/a))} \left(\left[-\ln(1-x_A) \right]_0^{x_A} + \left[\ln(\theta_B - (b/a)x_A) \right]_0^{x_A} \right)$$

$$= \frac{1}{kC_{A0}(\theta_B - (b/a))} \ln \frac{(\theta_B - (b/a)x_A)}{\theta_B(1-x_A)}$$

$k = 0.02$、$\theta_B = C_{B0}/C_{A0} = 2$、$b/a = 1$、$x_A = 0.998$ を代入すると、

$$\tau = (V/v_0) = (1/2)\ln[(2-0.998)/((2)(0.002))] = 2.762\, s$$

より、$V = (2.762)(0.4/60) = 18.4 \times 10^{-3}$ m^3

管型反応器の体積は 18.4 l

〈積分のヒント〉

$\int_0^{x_A} \dfrac{dx_A}{(1-x_A)(\theta_B-(b/a)x_A)}$ の積分では、

$$\dfrac{1}{(1-x_A)(\theta_B-(b/a)x_A)} = \dfrac{A}{1-x_A} - \dfrac{B}{(\theta_B-(b/a)x_A)}$$

として A と B の値を決定すると、$A = 1/(\theta_B-(b/a))$、$B = (b/a)/(\theta_B-(b/a))$ となるので、積分を2つに分けて行う。

実在の管型反応器では、流体を均一に流すことで分子が反応器内を滞留する時間が揃うほど反応特性はよくなる。反応器内を流体が吹き抜けるような流れや、デッドボリュームのところで流体が停滞するような不均一な流れが起きないように反応器をデザインする必要がある。

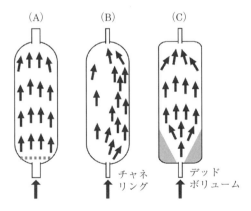

連続槽型反応器のデザイン

連続槽型反応器では反応流体が完全混合流れで流れているので、定常状態では図5-5に示すように反応器内の濃度分布はなく、また、反応器内の濃度は流体出口の濃度と等しい。(5-33)式の物質収支を連続槽型反応器に適用すると、反応器入口における成分Aの流入速度をF_{A0}、出口の流出速度をF_Aとし、反応器の体積をVとすると反応器内の成分Aの生成速度は$(-r_A)V$となる。反応器内の成分Aの濃度は時間変化しないので蓄積速度dn/dtは0となる。したがって物質収支は、

$$F_{A0} = F_A + (-r_A)V \tag{5-45}$$

となる。この式を(5-8)式の$F_A = F_{A0}(1-x_A)$を用いて変形すると、

$$(-r_A) = (F_{A0} - F_A)/V = F_{A0}x_A/V \tag{5-46}$$

連続槽型反応器入口の体積流量を$v_0 [\mathrm{m^3 \cdot s^{-1}}]$とすると、$F_{A0} = v_0 C_{A0}$の関係から、$(-r_A) = v_0 C_{A0} x_A / V$となり、これを$\tau = V/v_0$で整理すると、

$$\tau = V/v_0 = C_{A0} x_A / (-r_A) \tag{5-47}$$

となる。設計のための回分反応器や管型反応器の式には積分が含まれているが、連続槽型反応器の式は簡単で、初濃度と反応率の積を、出口濃度C_Aから決定した反応速度で割ると空間時間τが得られる。

図5-5 連続槽型反応器

連続槽型反応器のデザイン **215**

A+2B→C で表される液相2次不可逆反応を連続槽型反応器で行う。反応速度式は $-r_A=5\times 10^{-7} C_A C_B$ で、原料供給速度は 50 l/min、原料中 A と B の濃度は 2000 mol·m^{-3} および 6000 mol·m^{-3} であった。成分 A を 90% 反応させるのに必要な体積を次の2つの場合について求めよ。ただし反応速度定数の単位は [m^3·mol^{-1}·s^{-1}] である。

（1） 1槽の連続槽型反応器を用いたときの体積
（2） 同じ体積の連続槽型反応器を2台直列に結合して用いたときの全体積

（1）（5-47）式より、

$$V=v_0 C_{A0} x_A/(-r_A)=v_0 C_{A0} x_A/k C_A C_B$$

ここで、（5-14）式と（5-15）式より、

$$C_A=C_{A0}(1-x_A)=2000(1-0.9)=200$$
$$C_B=C_{B0}-(b/a)C_{A0}x_A=6000-(2)(2000)(0.9)=2400$$

したがって、

$$V=(0.05/60)(2000)(0.9)/((5\times 10^{-7})(200)(2400))$$
$$=6.25$$

1槽の連続槽型反応器を用いたときの体積は 6.25 m^3

（2）連続槽型反応器を2台直列に結合したとき、1台目の反応器出口の A と B の初濃度を C_{A1}、C_{B1} とし、反応率を x_{A1} とすると $x_{A1}=(C_{A0}-C_{A1})/C_{A0}$ である。1台目の出口濃度 C_{A1}、C_{B1} が2台目の反応器の初濃度となり、2台目出口の A と B の濃度を C_{A2}、C_{B2} とし、反応率を x_{A2} とすると $x_{A2}=(C_{A1}-C_{A2})/C_{A1}$ である。全体の反応率は $x_A=(C_{A0}-C_{A2})/C_{A0}$ であり、これを 0.9 とすれば出口の A と B の濃度は

$C_{A2} = 200$ mol·m^{-3}、$C_{B2} = 2400$ mol·m^{-3}である。

1台目の連続槽型反応器の物質収支は（5-47）式より、

$$V = v_0 C_{A0} x_{A1} / k C_{A1} C_{B1} = v_0 (C_{A0} - C_{A1}) / k C_{A1} C_{B1}$$

同様にして2台目の連続槽型反応器の物質収支は、

$$V = v_0 C_{A0} x_{A2} / k C_{A2} C_{B2} = v_0 (C_{A1} - C_{A2}) / k C_{A2} C_{B2}$$

1台目と2台目の反応器は同じ体積なので、

$$(C_{A0} - C_{A1}) / C_{A1} C_{B1} = (C_{A1} - C_{A2}) / C_{A2} C_{B2}$$

ここで、$C_{B1} = C_{B0} - (b/a) C_{A0} x_{A1} = C_{B0} - 2(C_{A0} - C_{A1})$ を代入すると、

$$(C_{A0} - C_{A1}) / (C_{A1}(C_{B0} - 2(C_{A0} - C_{A1}))) = (C_{A1} - C_{A2}) / C_{A2} C_{B2}$$

より、

$$(2000 - C_{A1}) / (C_{A1}(6000 - 2(2000 - C_{A1})))$$
$$= (C_{A1} - 200) / ((200)(2400))$$

となる。これを解くと、$C_{A1} = 576$ mol·m^{-3}

$$V = v_0 (C_{A1} - C_{A2}) / k C_{A2} C_{B2}$$
$$= (0.05/60)(576 - 200) / ((5 \times 10^{-7})(200)(2400))$$
$$= 1.3055$$

2槽の連続槽型反応器を用いたときの全体積は2.61 m^3

この結果から、連続槽型反応器を単独で用いるよりも、複数の連続槽型反応器を直列に連結すると小さい体積でよく、有利であることを示している。

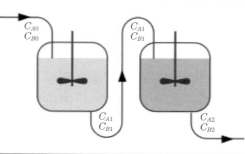

 A→Bで表される液相1次不可逆反応を連続槽型反応器と管型反応器で行う。反応速度式は$-r_A = kC_A$で50%反応させるのに必要な空間時間τを比較せよ。ただし$k = 1\ \mathrm{s}^{-1}$とする。

連続槽型反応器では、(5-47)式から

$$\tau = (V/v_0) = (C_{A0}/(-r_A))(x_A) = (x_A/(1-x_A)) = 1\ \mathrm{s}$$

管型反応器では、(5-44)式から

$$\tau = (V/v_0) = \int_0^{x_A} \frac{C_{A0}}{(-r_A)} dx_A = \int_0^{x_A} \frac{dx_A}{1-x_A}$$

$$= -\ln(1-x_A) = \ln 2 = 0.693\ \mathrm{s}$$

となるので、体積流量v_0が等しい条件(同じ生産速度)で反応を行うと、管型反応器は体積Vが小さくてよい。逆に同じ体積の反応器で反応を行うと管型反応器の体積流量が大きくなるので、生産速度が増大する。このように反応成績という点だけを考えれば管型反応器が有利である。管型反応器では入口付近で反応が進行するために発熱が激しい反応では反応熱の除去が困難になる。このような場合には連続槽型反応器を採用することになる。

管型反応器では1次反応のように解析解が得られる場合に対して、反応が複雑な場合には数値積分法によって解を得ることが必要である。次頁の図のように縦軸に$C_{A0}/(-r_A)$、横軸にx_Aをとり、反応速度と反応率との関係をプロットすると、連続槽型反応器では$\tau = (C_{A0}/(-r_A))(x_A)$なので$x_A = 0.5$と$C_{A0}/(-r_A) = 2$の積が$\tau$となる。図中のアミかけ部の面積が空間時間$\tau$を示している。一方、管型反応器では積

分値なので図中斜線部分の面積が空間時間 τ となる。反応速度は濃度の増大とともに増加する場合には管型反応器が有利である。反応速度が0次では管型反応器と連続槽型反応器では反応特性に差はない。

回分反応器を用いて反応速度を決定するためには実験時間の経過とともに反応液を採取して濃度を測定し、時間と濃度との関係を図にする。各濃度における接線を引けば、その傾きが反応速度となる。管型反応器は出口での反応率が小さいとき**微分反応器**と呼び、大きいときは**積分反応器**という。反応速度を決定するために、出口での反応率が小さい微分反応器を用いれば、反応器内の濃度差が小さいので平均濃度を用いれば反応率と空間時間から直接反応速度を決定できる。

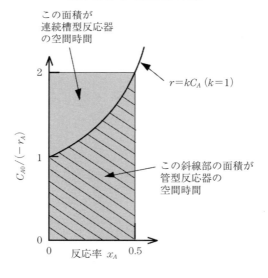

空間時間による反応器の比較

さくいん

【あ】

圧力 …………………………………… 47
圧力スイング吸着法（PSA 法）………… 116
圧力損失 …………………………………… 49
アレニウスプロット ……………………… 167
アレン域 ………………………………… 150
硫黄酸化物 ……………………………… 101
一次エネルギー ………………………… 163
運動エネルギー ………………………… 52
運動量 ……………………………………… 41
液液抽出 ………………………………… 119
液化石油ガス …………………………… 89
液境膜基準総括物質移動係数 ………… 104
液境膜物質移動係数 …………………… 103
液相線 ……………………………………… 84
エネルギー収支 ………………………… 15
遠心力 …………………………………… 157
エンタルピー …………………………… 170
エントロピー ……………………………… 74
円面積相当径 …………………………… 143
オームの法則 …………………………… 30
押し出し流れ …………………… 188, 202
オリフィス計 ……………………………… 43
温度 ……………………………………… 52

【か】

海水淡水化 ……………………… 111, 113
回分操作 ………………………………… 191
回分反応器 ………………… 191, 202, 205
化学吸着 ………………………………… 116
化学蒸着法（CVD）……………………… 141
可逆反応 ………………………………… 189
拡散 ………………………………………… 74
拡散係数 …………………………………… 74
核発生 …………………………………… 126
ガス吸収 ………………………………… 101
ガス境膜基準総括物質移動係数 ……… 104
ガス境膜物質移動係数 ………………… 103
活性化エネルギー ……………… 165, 166
カルノーサイクル ……………………… 164
管型反応器 ………………………… 202, 205
換算 ………………………………………… 9

乾湿温度計 ……………………………… 76
慣性力 …………………………………… 44
完全混合流れ …………………… 188, 202
乾燥 ……………………………………… 131
乾燥空気 ………………………………… 71
乾燥速度 ………………………………… 133
還流 ……………………………………… 92
気液接触面積 …………………………… 102
気液平衡比 ……………………………… 86
気相線 …………………………………… 84
気体定数 ………………………………… 65
気体の状態方程式 ……………………… 65
気泡塔 …………………………………… 101
基本単位 …………………………………… 9
逆浸透膜 ………………………………… 111
吸収 ……………………………………… 101
吸収塔 …………………………………… 107
吸着 ……………………………………… 115
吸着剤 …………………………………… 115
吸着等温線 ……………………………… 116
吸熱反応 ………………………………… 165
境界層 …………………………………… 56
凝固熱 …………………………………… 81
凝縮熱 …………………………………… 81
強制対流 ………………………………… 57
共沸混合物 ……………………………… 85
共沸点 …………………………………… 85
境膜 ……………………………………… 56
境膜伝熱係数 …………………………… 57
境膜物質移動係数 ……………………… 77
均一反応 ………………………………… 188
空間時間 ………………………………… 210
ケーキ …………………………………… 128
結晶 ……………………………………… 80
結晶成長 ………………………………… 126
減圧蒸留塔 ……………………………… 89
限界含水率 ……………………………… 132
減湿 ……………………………………… 138
原子量 …………………………………… 9
限定反応成分 …………………………… 193
減率乾燥期間 …………………………… 131
向心力 …………………………………… 157

さくいん

合成法 ································ 141
恒率乾燥期間 ······················ 131
固液抽出 ·························· 119
黒体 ······························· 60
固定層 ···························· 153
コンデンサ ·························· 92

【さ】

サイクロン方式 ···················· 156
再結晶 ···························· 124
再生可能エネルギー ················ 163
三重点 ····························· 80
酸性雨 ···························· 101
自然乾燥 ·························· 131
自然対数 ··························· 50
自然対流 ··························· 57
実在気体 ··························· 65
湿度 ······························· 71
湿り空気 ··························· 71
収支 ······························· 14
集塵 ·························· 141, 156
充填塔 ···························· 101
重力 ······························ 150
重力の加速度 ······················ 48
常圧蒸留塔 ························· 88
昇華 ····························· 131
昇華熱 ···························· 172
蒸気圧 ····························· 82
蒸気圧曲線 ························· 82
晶析 ······························ 124
状態図 ····························· 80
蒸発 ······························· 82
蒸発晶析 ·························· 125
蒸発熱 ·························· 81, 172
常用対数 ··························· 50
蒸留 ······························· 84
触媒 ······························ 165
真空乾燥 ·························· 131
浸透圧 ···························· 113
ステファン-ボルツマン定数 ··········· 60
ストークス域 ······················ 150
スプレー塔 ························ 101
生成熱 ···························· 177
積算分布 ·························· 147
積分 ······························· 24
積分反応器 ························ 218

絶縁体 ····························· 31
絶対温度 ··························· 71
全圧 ······························· 69
せん断応力 ························· 40
潜熱 ······························ 172
総括吸収率 ························· 60
総括伝熱係数 ······················ 63
増湿 ······························ 138
相図 ······························· 84
相対揮発度 ························· 86
相対湿度 ··························· 71
層流 ······························· 37
ゾルゲル法 ························ 141

【た】

待機時消費電力 ····················· 35
体積基準平均径 ···················· 145
体積相当径 ························ 143
タイライン ························ 121
対流伝熱 ··························· 52
多孔質材料 ························ 131
脱着 ····························· 115
棚段塔 ···························· 102
単位 ································ 8
単一反応 ·························· 188
単蒸留器 ··························· 88
断熱膨張 ·························· 171
地球温暖化 ························· 60
逐次反応 ·························· 189
窒素酸化物 ························ 101
着火 ······························ 184
抽剤 ····························· 120
抽残相 ···························· 120
抽質 ····························· 122
抽出 ····························· 119
抽出相 ···························· 120
抽出率 ···························· 122
抽料 ····························· 119
調湿 ····························· 138
超臨界流体 ························· 81
定圧比熱 ·························· 172
抵抗 ······························· 30
抵抗係数 ·························· 150
定常 ······························· 14
泥しょう ·························· 128
定常状態 ··························· 14

さくいん

定容比熱 ······ 172
電圧 ······ 30
電気集塵方式 ······ 156
電気素量 ······ 30
電気伝導度 ······ 31
電気量 ······ 30
電磁波 ······ 60
伝導伝熱 ······ 52
電流 ······ 30
電流密度 ······ 31
電力 ······ 34
等温反応 ······ 188
等温膨張 ······ 171
透過係数 ······ 112
凍結乾燥 ······ 131
導電性材料 ······ 31
都市ガス ······ 89
ドルトンの分圧の法則 ······ 69

【な】

内部エネルギー ······ 160
ナノ粒子 ······ 141
二次エネルギー ······ 163
ニュートン域 ······ 150
ニュートンの法則 ······ 41, 75
熱化学方程式 ······ 180
熱交換器 ······ 62
熱効率 ······ 162
熱伝導度 ······ 53
熱風乾燥 ······ 131
熱容量 ······ 54
熱力学の第1法則 ······ 160
熱力学の第2法則 ······ 74
熱流束 ······ 53, 56
燃焼 ······ 184
燃焼熱 ······ 175
粘性 ······ 40
粘性係数 ······ 41
粘性力 ······ 44
粘度 ······ 41
燃料電池 ······ 15

【は】

ハーゲン-ポアズイユ ······ 43
発熱反応 ······ 165
半減期 ······ 208

半透膜 ······ 113
反応吸収 ······ 105
反応速度 ······ 165
反応速度式 ······ 165
反応速度定数 ······ 165
反応熱 ······ 175
反応率 ······ 192
非結晶 ······ 80
ヒストグラム ······ 147
非定常状態 ······ 133
非等温反応系 ······ 188
比熱 ······ 53
比表面積 ······ 115
微分 ······ 19
微分反応器 ······ 218
微分方程式 ······ 22
標準状態 ······ 67, 98
標準生成熱 ······ 177
標準反応熱 ······ 175
表面積基準平均径 ······ 145
ファニングの式 ······ 49
ファラデー定数 ······ 33
ファンデルワールス状態方程式 ······ 66
ファントホッフの法則 ······ 113
フィックの法則 ······ 74
フィルター方式 ······ 156
フーリエの法則 ······ 53, 75
不可逆反応 ······ 189
不均一反応 ······ 188
物質移動 ······ 76
物質移動容量係数 ······ 109
物質収支 ······ 15
物質量流量 ······ 192
物性 ······ 31
沸点 ······ 80
沸騰 ······ 82
物理吸収 ······ 105
物理吸着 ······ 116
物理蒸着法（PVD） ······ 141
ふるい ······ 143
ふるい径 ······ 144
分圧 ······ 69
粉砕法 ······ 141
分子拡散 ······ 74
分子量 ······ 9
分配 ······ 122

分配係数	122	溶媒	124
噴霧熱分解法	141	溶媒抽出	119
分離係数	122	予熱期間	131
平均結合エンタルピー	178		
平均比熱	172	**【ら】**	
平均分子量	71	ラウールの法則	86
平衡	82	乱流	37
平衡含水率	132	力学的エネルギー保存の法則	160
平衡状態	189	理想気体	65
並発反応	189	律速	78
ヘスの法則	180	粒子	140
ヘンリー定数	99	粒子径	143
ヘンリーの法則	99	粒子径分布	147
放射伝熱	52	粒子終端速度	151
飽和吸着量	116	流束	74
飽和空気	71	流体	37
ホールドアップ	102	流動化開始速度	154
		流動層	153
【ま】		臨界点	81
マイクロポア	116	ルースのろ過方程式	129
膜分離	111	冷却晶析	125
マクロポア	116	レイノルズ数	44
摩擦係数	49	連続蒸留器	88
摩擦力	41	連続槽型反応器	205
マッケーブ・シール法	94	連続操作	191
無次元数	44	連続反応器	191, 202
メソポア	116	ろ液	128
メディアン径	147	ろ過	128
		ろ材	128
【や】		露点	139
融液	124		
融解熱	81, 172	**【英字】**	
融点	80	Antoine の式	83
誘導単位	9	Freundlich 式	116
触媒燃焼	184	Knudsen 拡散	112
溶解	98	Langmuir 式	116
溶解度	98	LPG	89
溶解熱	179	SI 単位系	9
溶質	124	x–y 線図	94

本書は、2006 年 4 月に工業調査会より出版された同名書籍を
再出版したものです。

はじめて学ぶ　化学工学

平成 23 年 4 月 30 日　　発　　　　行
令和 5 年 7 月 20 日　　第 10 刷発行

著作者　　草　壁　克　己
　　　　　外　輪　健　一　郎

発行者　　池　田　和　博

発行所　　丸善出版株式会社
　　　　　〒101-0051　東京都千代田区神田神保町二丁目 17 番
　　　　　編集：電話(03) 3512-3261／FAX (03) 3512-3272
　　　　　営業：電話(03) 3512-3256／FAX (03) 3512-3270
　　　　　https://www.maruzen-publishing.co.jp

© Katsuki Kusakabe, Ken–ichiro Sotowa, 2011

印刷・製本　美研プリンティング株式会社

ISBN 978-4-621-08373-4　C 3058　　　　　　Printed in Japan

JCOPY 〈(一社)出版者著作権管理機構　委託出版物〉

本書の無断複写は著作権法上での例外を除き禁じられています．複写される
場合は，そのつど事前に，(一社)出版者著作権管理機構（電話 03-5244-5088，
FAX 03-5244-5089，e-mail：info@jcopy.or.jp）の許諾を得てください．